U0099779

生活中無所不在的科學

解答日常的疑惑

川村康文——著
陳識中——譯

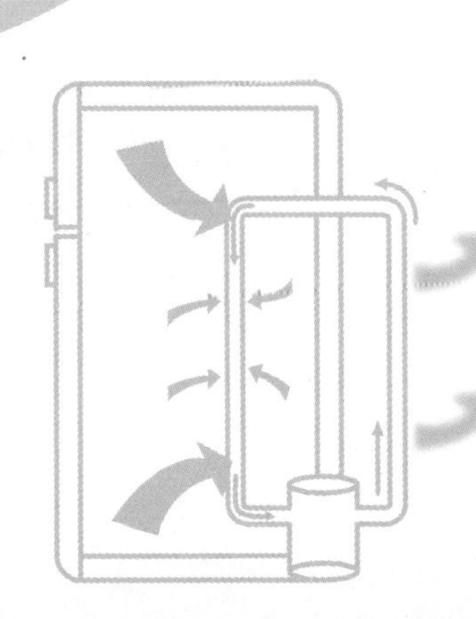

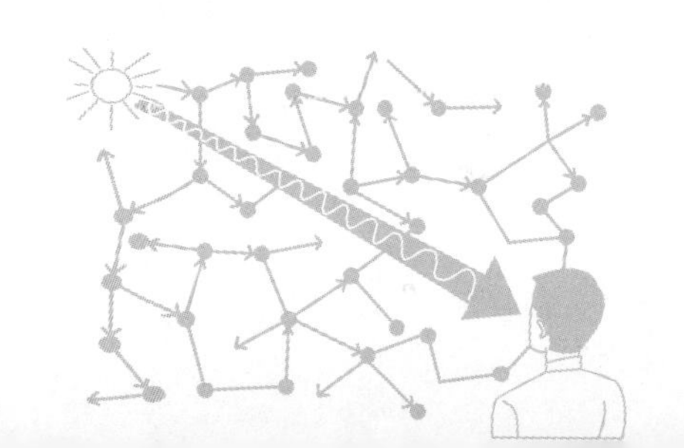

前言

每天早上起床，你做的第一件事是什麼呢？打開電視，一邊看新聞一邊滑手機確認天氣？還是從冰箱拿出食材一邊準備早餐，一邊把衣服丟進洗衣機？即使是在這短短幾十分鐘的活動中，我們也在不自覺之下運用著科學的力量。

無論電視、電鍋、還是洗衣機，我們家中的電器用品，都是科學技術堆積而成的產物。我們之所以能預測天氣，洗衣精之所以能洗去汙垢，也都是因為科學的力量。不只如此，食物放在冰箱不容易腐壞的原因，還有人類在早上會自然醒來的現象，也都能用科學解釋。我們的日常生活中到處都充滿科學。

不過，你對這些日常生活中的科學原理，又有多少了解呢？「手機是如何互相通話的？」、「飛機為什麼能在天上飛？」，相信很多人心底都曾突然冒出這些疑問，然後上網尋找解答，卻只查到一堆難懂的理論和公式，感嘆「文組的我大概永遠也無法理解吧……」而直接放棄。

但是，請放心。其實並不需要那些難懂的理論和公式，也能理解我們周遭的科學技術和自然現象。不論是電還是電子，都是人類意外地可以用直覺理解，直接套用在日常現象上的東西。

本書中，我們將列舉那些日常生活中最常產生的「為什麼？」，運用最簡單易懂的科學知識和大量圖表，以最淺顯的方式解答這些疑問。只要從頭到尾讀過一遍，以後即使被孩子們問到「為什麼」，你也能用孩子們馬上就能理解的方式解答他們的疑惑。

一旦知道了科學的原理，未來換購新家電時，你的著眼點將會截然不同，使用方式也可能完全改變。了解飛機能在天上飛的原理後，相信搭飛機時也會更放心才對。

希望看完這本書，能幫助你理解日常生活中的科學技術和自然現象，體會內心的「為什麼？」得到解答的樂趣。

東京理科大學理學部教授
川村 康文

生活中無所不在的科學

第2章 家裡面的科學

第3章 交通工具、戶外的科學

第4章 高科技背後的科學

第5章 人體和疾病的科學

第6章 大自然和宇宙的科學

本書的登場人物

【老師】

在科學館主持兒童實驗教室的老師。精通最新的科技和各種自然現象。

【理香】

住在科學館附近的小學六年級生。一旦對身邊的事情產生疑問，就會打破砂鍋問到底，有著旺盛的好奇心。

第1章
日常家電的
科學

為什麼
微波爐能加熱食物？

來，吃午飯囉。你有帶便當嗎？應該已經涼掉了吧，先用微波爐熱一下再吃吧。

一下子就能加熱食物，微波爐好方便喔。可是，明明沒有用到火，為什麼微波爐還能加熱食物呢？

微波爐啊，是用一種叫微波的電波產生的摩擦熱來加熱物體的喔。電波會使食物中的水分子振動，藉以產生熱量。

微波爐是用摩擦熱來加熱食物

微波爐已是我們日常生活中不可或缺的家電之一，坊間甚至有很多能在短時間內完成的「微波食譜」。而微波爐加熱的原理，就跟冬天時我們摩擦雙手來取暖一樣。換言之，是利用摩擦熱來加溫的。

而微波爐用來摩擦生熱的「雙手」就是「電磁波」。電磁波是一種會像海浪一樣上下振動的波，可以依照波長（波峰和波谷的距離）分成不同種類。而微波爐所使用的是2.45GHz的電磁波，俗稱微波，是一種振動很快的波。其振動頻率高達1秒24億5000萬次。

微波爐就是利用微波，使食物中的水分子以超高速振動，然後

水分子碰到微波就會振動

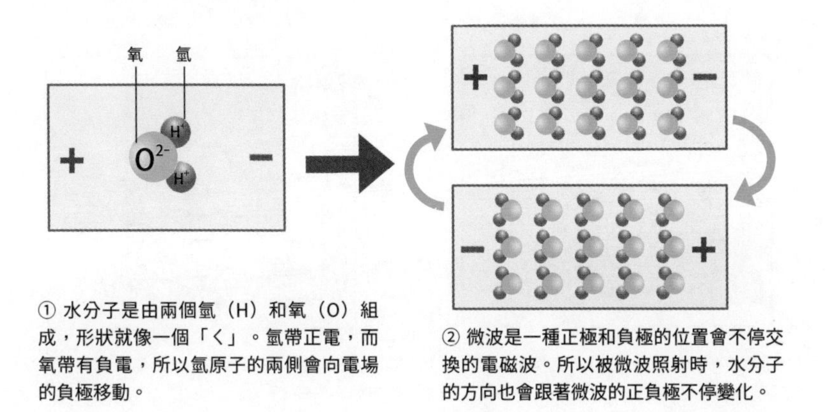

① 水分子是由兩個氫（H）和氧（O）組成，形狀就像一個「く」。氫帶正電，而氧帶有負電，所以氫原子的兩側會向電場的負極移動。

② 微波是一種正極和負極的位置會不停交換的電磁波。所以被微波照射時，水分子的方向也會跟著微波的正負極不停變化。

用水分子的摩擦熱來加溫食物的。

水分子碰到微波就會振動

構成物質的最小粒子叫做「分子」，譬如水就是由無數的水分子集合而成的。若把水分子放到超高倍率的顯微鏡下，形狀看起來就像一個「く」形，く的兩端帶負電，而中間曲折處帶正電。

水分子平常各自為政、以沒有規律的方式隨意排列，然而一旦被微波照射，帶正電的部分和帶負電的部分就會全部轉向同一方向。而這個方向會隨微波的電磁力，以每秒24億5000萬次的速度改變，使得水分子高速振動。而這個過程中水分子會互相碰撞摩擦，產生摩擦熱。

微波爐也有無法加熱的東西

微波爐的微波是由一種名叫多腔磁控管的電子管放出的。然

微波加熱食物的原理

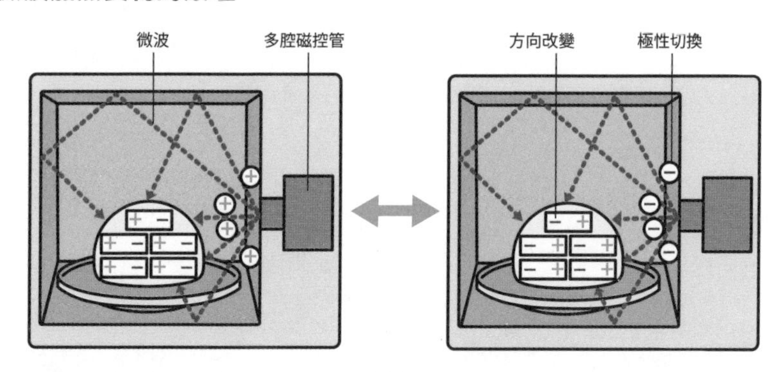

從多腔磁控管發出的微波每次切換正負極，食物中的水分子就會跟著改變方向。以每秒24億5000萬次的高速重複這個過程，會使水分子產生振動，摩擦生熱。

而，因為微波爐只有一個多腔磁控管，所以微波爐內的各個位置照射到的微波量並不均等，使得食物的加熱不均勻。因此，大多數的微波爐內都裝有轉盤。但近年也有廠商設計出可使微波呈現漫射狀態的微波爐結構，或是讓微波的發射源自己旋轉的設計，就算沒有轉盤也能均勻地加熱食物。

另外，微波爐無法加熱不含水分的物體。例如玻璃、陶瓷等容器，微波會直接穿過它們。雖然從微波爐內拿出加熱好的食物時，我們常常感覺盤子也是熱的，但那其實是食物發出的熱量傳到盤子所造成。

還有，冰塊也是不容易用微波加熱的物質。所以加熱冷凍食品時，是先從冰塊融化而成的水分開始加熱，然後才慢慢加熱到整體的。

冰箱是如何冷藏食物的？

糟糕，冷藏箱裡的冰塊都融化了！這下子果汁就不冰了。沒有冰塊用真是不方便呢。

古時候的冰箱也都是用冰塊來保冷的喔。反倒是現代的冰箱即使沒有冰塊也能降溫，是不是很不可思議呢？現代的冰箱是用把空氣裡的熱量抽走來降溫的喔。

把空氣裡的熱量抽走，是要怎麼做呢？這跟冰箱旁邊的空氣都熱熱的有關係嗎？

液體蒸發時會帶走熱量

冰箱的降溫原理，簡單來說，就是抽走冰箱內部空氣的熱量，然後排到外面。不是增加冷空氣，而是減少熱。

而冰箱的減熱，利用的是「汽化熱」原理。譬如我們在醫院打針時，護士會先用酒精消毒我們的皮膚，那個時候是不是會覺得涼涼的？那就是因為液體的酒精蒸發成氣體時，帶走了熱量。這種液體變成氣體時帶走周圍熱量的現象，就叫做汽化熱。而冰箱運用的就是這個原理。

狀態變化時的熱量移動

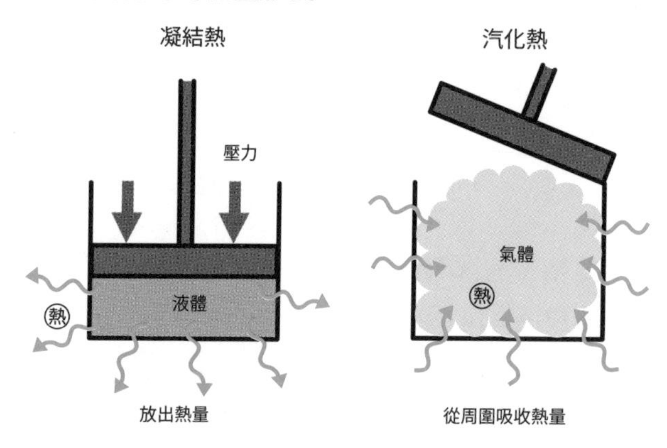

氣體受到加壓會變成液體，放出熱量（凝結熱）。而壓力降低時，液體會變成氣體，從周圍吸收熱量（汽化熱）。冰箱利用的就是這個原理。

利用冷媒帶走熱量再送到外面

讓我們一起來看看冰箱的運作原理。打開冰箱的內部，會發現裡面有一條蜿蜒曲折的管線。循著這條管線，可以找到一個位於冰箱背面，俗稱「壓縮機」的機械；管線通過壓縮機後，會再從冰箱的背面繞回冰箱內。

這條管線裡面，有一種俗稱「冷媒」的氣體在循環。而冷媒一旦施加壓力就會變成液體。

冷媒會順著管線來回在冰箱內外循環，而從冰箱外跑回冰箱內時會從液體變成氣體。而由於發生了汽化，所以冷媒會在這裡吸收冰箱內的熱量，使空氣變冷。而從冰箱內跑到冰箱外時，冷媒又會被壓縮機加壓，從氣體變回液體。此時，由於跟汽化相反，冷媒會放出熱量，把熱排到冰箱外。

就這樣不斷重複帶走冰箱內的熱量，帶到外面釋放的循環，便可使冰箱的內部保持低溫。

冷媒替冰箱降溫的原理

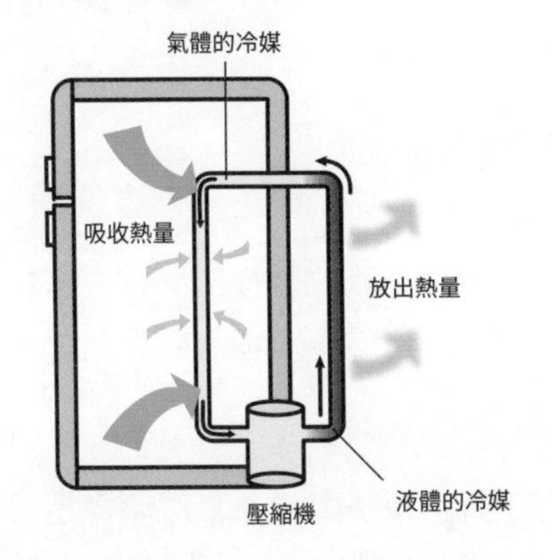

冰箱的管線內有冷媒在循環。液體的冷媒進入冰箱內部會因壓力降低而汽化，帶走冰箱內的熱。而氣體的冷媒會在壓縮機被加壓，變回液體，把在冰箱內吸收的熱排到冰箱外。冰箱就是藉由重複這個過程，把內部的熱量排到外面，冷卻空氣的。

冷氣機的原理也跟冰箱一樣

可使房間保持涼爽的冷氣機，運用的也是跟冰箱一樣的原理。

冷氣機的結構，分成裝在室內的冷氣機本體，以及裝在室外的壓縮機，然後用冷媒管相連。冷媒會在冷氣機本體汽化，帶走室內空氣的熱量，然後在室外機被壓縮重新液化，放出熱量。因此所謂的冷氣機，其實就是分拆成室內機和室外機的冰箱。

另外，現在冷氣和冰箱冷媒的主要物質，是一種叫異丁烷的物質。而以前用的則是氯氟烴。但由於科學家們發現氯氟烴會破壞臭氧層，因此被全面禁止，後來研發的替代物也因屬於溫室氣體，受到嚴格的規範。而相較於前兩者，異丁烷是自然界原本就存在的物質，所以又被稱為天然冷媒。

電視是如何播放影像的？

我昨天在電視上看了棒球比賽的轉播喔。待在家裡也能即時看到在遠方拍攝的影像，仔細想想真的很了不起呢。

電視的影像是用電子訊號傳送的喔。電視螢幕上看到的人和景物，其實都是由三種顏色的光點聚集而成的。

電視畫面是由三種顏色的光組成的

電視節目的影像，都是來自電視台或衛星發送的電波。2019年日本的數位電視，都是把一張畫面切成1080條線，然後轉換成電子訊號一條線一條線送出來的。然後我們家裡的電視機，會把依照接收到的訊號，把這些線狀的圖像一條一條由左至右、由上至下依序排列，重新拼回一張畫面。在日本，是以每秒30張的頻率發送這些畫面。在這個頻率下，這些連續的畫面看起來就會像是流暢的動作。

另外，把電視畫面放大的話，會發現它們其實是一組組由紅、綠、藍組成的規律光點。運用這三種顏色的明滅組合，電視螢幕幾乎就能呈現出所有你知道的顏色。例如紅色和綠色一起亮就會變成黃色，三種顏色皆亮則是白色，紅、綠、藍全部熄滅就是黑色。這紅、綠、藍三色，又叫「光的三原色」，依照英文的字首（紅：

每 60 分之 1 秒更新一次的電視畫面

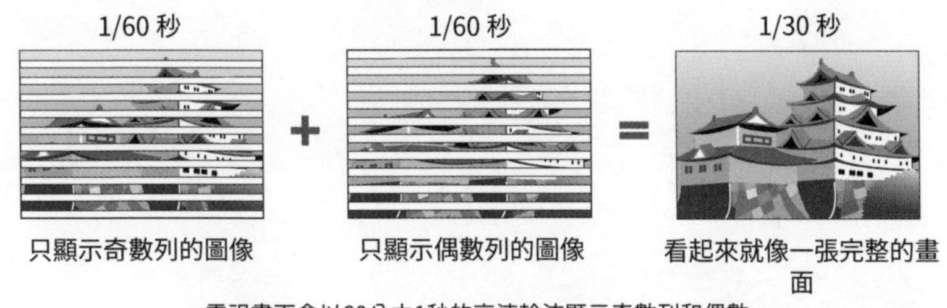

電視畫面會以60分之1秒的高速輪流顯示奇數列和偶數列的圖像。但由於視覺的殘像，人眼看來就像一張完整的畫面。

RED、綠：GREEN、藍：BLUE）排列簡稱「RGB」。

而我們平常看到的電視畫面，就是由這三種顏色的光依照亮度強弱組合出來的。

液晶電視的成像原理

目前家用電視的主流種類，是用液晶成像的液晶電視。

所謂的液晶，是一種同時具有液體和固體兩種性質的物質。你可以把液晶分子想像成一條棒子，我們可以藉由對液晶分子施加電壓，改變液晶分子的排列方向，使光線通過或不通過。例如當棒子以直立方向排列時，光線就無法從正面穿過；而當棒子以橫躺方向排列時，光線就能穿過去。而棒子以傾斜半倒的方向排列，則能調整光線的通過量。像這樣利用電壓控制棒子的角度，就是液晶顯示器的基本原理。

液晶顯示器中最常見的是TN型液晶。這是一種利用液晶和分別只能讓縱向光與橫向光通過的「偏光板」組合來控制光線的面板設計。原理請看P.18的圖。

液晶顯示器的主要構造，是由兩片夾著液晶的透明板、兩片偏

液晶顯示器的原理

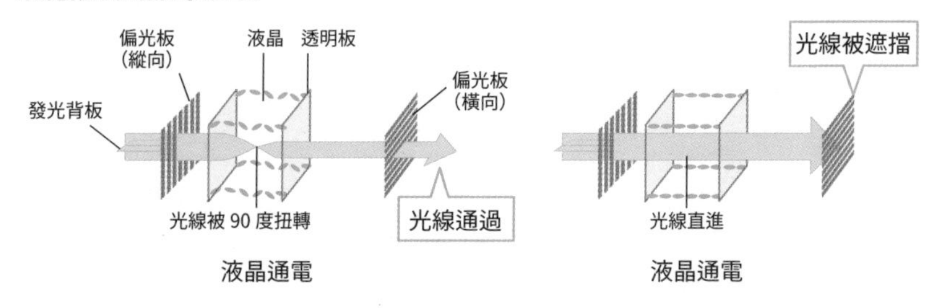

只在液晶未通電時光線會90度旋轉。液晶板的前後分別夾著只能讓縱向光通過的偏光板，以及只能讓橫向光通過的偏光板。通過縱向偏光板的光，在液晶未通電時會被扭轉90度，可以通過橫向的偏光板，但通電時就無法通過。藉由這個設計，便可控制背板的光是否要映在螢幕上。

光板、以及會發光的背板所組成。夾著液晶的透明板上刻有凹槽，兩片板上的凹槽互呈90度平行擺放。如此一來凹槽內的液晶分子，也會呈現90度旋轉的狀態。而2片偏光板，一片只能讓縱向光通過，一片只能讓橫向光通過。

這時，當光線通過其中一片偏光板時，因為光會沿著液晶分子90度旋轉，所以也能通過另一邊的偏光板。可是，若施加電壓，液晶分子便會直立起來，不再偏轉。因此進入液晶層的光會直線前進，被另一邊的偏光板擋下來。TN型液晶面板便是利用這個方法，以電壓為開關，控制光線可否通過偏光板。

然後，再利用紅、綠、藍的濾色器組合，在液晶顯示器上表現出各式各樣的色彩。

LED是怎麼發光的？為什麼比傳統燈泡省電呢？

我們家的電燈換成LED燈後，電費降低了不少，媽媽很高興呢。為什麼LED比較省電呢？

LED是靠半導體通電發光的。因為半導體發光不太會釋放熱量，所以能源轉換效率較好。消耗的電力只有日光燈的一半左右。

那LED的發光原理是什麼呢？平時常常聽到半導體，那又是什麼東西呢？

LED是一種通電就會發光的半導體

LED燈中最重要的零件，就是一種叫半導體的東西。半導體不像普通家電，是平時會擺在商店貨架上直接販賣的商品，所以很多人可能對它比較陌生，但現代幾乎大部分的電子產品都有用到半導體。此外像是交通、電信等社會基礎設施，也都有運用到半導體，是維持現代人便利生活不可或缺的存在。

半導體同時擁有如金屬等可導電的「導體」，以及玻璃等不導電的「絕緣體」的性質。是一種只要稍微做點處理，既可成為導體也可成為絕緣體的方便物質，所以被稱為「半」導體。

半導體很適合用來控制電流，具有壽命長、消耗電力低、反應

LED 發光的原理

LED是由帶大量正電的p型和帶大量負電的n型兩種半導體製成的。對這兩個半導體通電後，帶正電的電洞和帶負電的電子會移動，並在過程中相撞結合。此時多出來的能量會轉換成光被釋放。這就是LED的光。

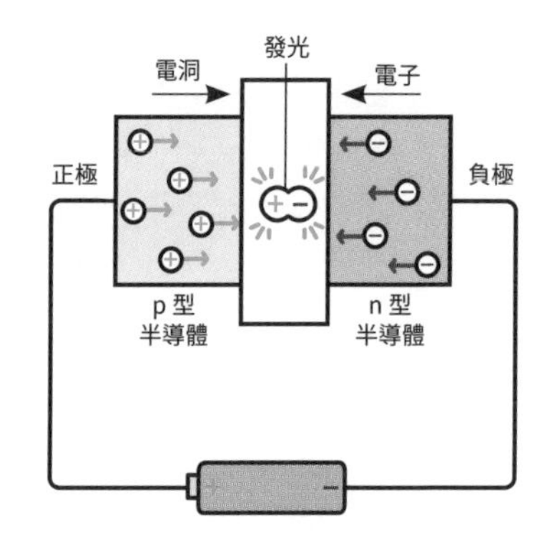

快速等各種性質。而LED便是利用了半導體諸多性質之一的「發光」性質而誕生的產品。LED是Light Emitting Diode（發光二極體）的英文縮寫，在日文又叫「發光半導體」。

電洞與電子撞擊放出能量

使LED發光的LED晶片，是由帶有大量負電電子的「n型」和有大量帶正電的電洞（缺少電子的孔洞）的「p型」兩種半導體連接而成的。為了方便理解，你可以把n型半導體想像成一塊凸板，把p型半導體想像成一塊凹板。

然後當電流通過時，帶負電的電子和帶正電的電洞會移動，並在移動的過程中猛烈相撞、結合。凸出的電子會嵌進凹陷的電洞中。當兩者結合時，結合後的能量會小於它們原本所帶的能量。於是，結合時多出來的能量就會以光的形式放出。這就是LED的發光原理。

LED百利而無一害!?

LED的發明之所以如此重要，在於它的能源利用效率。通常，把一種能量轉換成另一種能量，會產生很多能量的浪費。譬如傳統的白熾燈泡和日光燈，必須先把電能轉換成熱能和紫外線後，才能再轉換成光，所以轉換的過程會損失很多能量。

相較之下，LED可以直接把電能轉換成光能，所以能量損失較少，轉換效率非常好。將電能轉換到可見光（肉眼看得到的光）的能量轉換效率，白熾燈泡為10%，日光燈為20%，而LED則可高達30～50%。此外，直接轉換成光能，意味著轉換過程不會發熱，所以安全性也更高。

LED燈泡普及之初，有導入成本高、正下方以外的區域不夠亮等缺點。不過，這些問題已逐漸在技術進步的過程中解決。且LED燈泡的壽命可達約4萬小時，是普通白熾燈泡的10倍以上，長期來說更加划算。

LED 為什麼會發出白光？

白色可由紅、藍、綠這「光的三原色」混合而得。要產生白色LED的白光有幾種方法，而目前的主流是用藍色LED混黃色螢光體。除此之外還有用紅、藍、綠三色LED混合的方法。

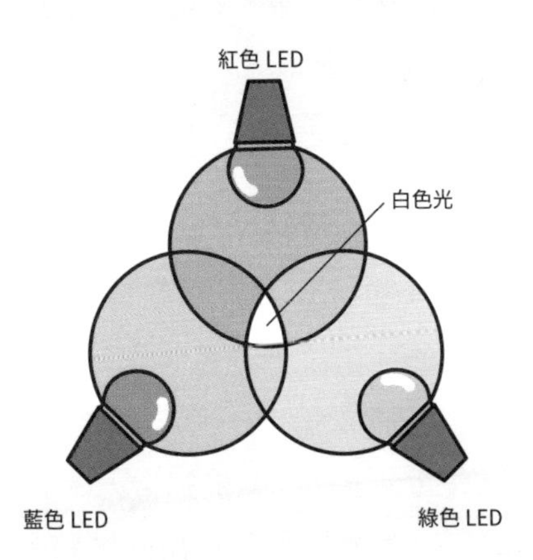

體脂計是如何測量體內脂肪的？

啊，你又在體重計上嘆氣了。是不是又變重了呀？

真失禮！我是在測體脂肪啦！因為這個體重計有測體脂肪的功能。不過居然連身體有多少脂肪都測得出來，真厲害呢。

你的腳下不是有塊金屬片嗎？體脂計就是用通過那裡微弱電流來計測的喔。

檢測「電流通過的難度」

最近的體重計，很多都具有「體脂肪計測」、「身體組成計測」的功能。不只是體重，還可以測出體脂肪、肌肉、骨骼、水分等身體組織的成分。計測方式就跟體重計一樣，只需站上去即可。明明只是站在上面，就能知道人體的構成，是不是很不可思議呢？

大部分的體脂計所採用的，都是一種名為「生物阻抗分析法」的計測方法。所謂的阻抗，也就是電阻的意思。生物阻抗分析，是藉由對人體通電，並測量電流通過的困難度來計算體脂肪率的。而用來表示電流通過難度的單位，就是電阻值。

肌肉含有較多的水分，所以電流較容易通過；而脂肪幾乎不含

利用電流進行測量的生物阻抗分析法

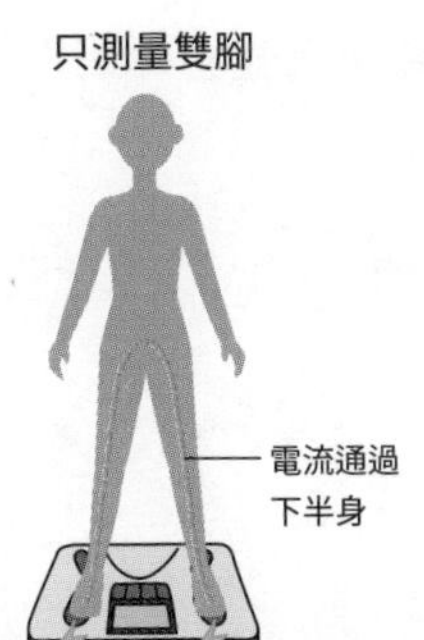

對人體通以微弱的電流，再測量人體的電阻值。家用體脂計常用的雙腳測量法，電流只會通過下半身。必須雙手雙手都通電，才能測出更精準的體脂肪率。

水分，所以電流不易通過。換言之，肌肉愈多的話，電阻就愈小；而脂肪愈多的話，電阻愈大。生物阻抗分析就是運用這個性質來計測體脂肪的。

計測結果是大量資料的對照

具體來說，體脂計會利用腳踏板上的金屬片（電極）對人體通過微弱的電流，然後測量人體的電阻值。因為電流非常微弱，所以對人體沒有危害。

此外，在測量之前，還需要先輸入測量者的年齡、性別、身高等數值。這是因為每個人肌肉和體脂肪的含水量，會隨年齡和身高、運動習慣等等而異。所以體脂計是在輸入大量男女老幼的資料後，再對照該資料與測量者的體重、電阻值進行修正，然後再推算出體脂肪率的。

為什麼每次測量的結果都不太一樣？

明明都是同一天進行測量，但有時我們測出來的體脂肪率卻會不一樣。這是因為你在測量時，可能正好是人體內的含水量不穩定的時段。

電流通過脂肪與肌肉的難易度不同

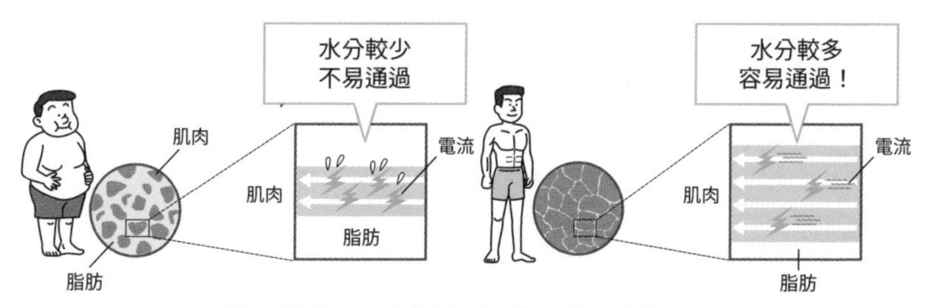

電流不易通過不含水分的脂肪，較易通過含水較多的肌肉。體脂計就是藉由這個差異，才測量體脂肪含量的。

早上、中午、晚間、飯前、飯後、入浴前、入浴後，人體一天不同時段的含水量變化很大，所以電流通過的難易度也會變動。例如剛吃完飯時，由於體內增加了不少水分，所以體脂肪率通常比較低。相反地，剛運動完時因為流汗等原因，身體排出水分，所以量出來的體脂肪率會比較高。

用體脂計測量體脂肪，最適合的時段是晚餐前或入浴前。因為測量結果會受到測量的時間段和身體狀況變化影響，所以要想正確地檢查體重和體脂率的推移，應該盡可能在相同時間段、相同的生理狀態下計測。

為什麼在高氣溫時吹電風扇還是會涼呢？

這個房間，感覺好悶啊。開個電風扇吧……呼，涼快多了。

老師，可是房間裡的氣溫沒有變耶。為什麼氣溫沒變，但吹到電風扇的風卻會涼呢？

這個問題啊，其實跟我們周遭的空氣有關喔。

風會帶走物體的溫度

吹電風扇會感到涼爽。除此之外，用扇子搧風也會有涼感，還有騎腳踏車下坡時迎面吹來的風也是涼涼的。另外吃拉麵時，用嘴巴吹氣可以把麵吹涼，更容易入口。這都是因為風可以帶走物體的溫度。

可是，如果北風或冷氣房的冷空氣還可以理解，但為什麼酷暑時節的濕黏熱風，吹起來也會使人感到涼爽呢？

其原因有二。而兩者的關鍵都是「空氣」。

人體周圍的空氣隨時都被體溫加熱

我們的身邊存在著空氣，當我們靜止不動時，空氣也會靜止地包覆著我們的身體。你可以想像成人體的周圍，隨時包裹著一層由空氣組成的薄膜。

當室內的氣溫比體溫更低時，體溫會徐徐轉移到這層空氣薄膜上。假如室溫是30度，那麼就只有人體周圍的空氣氣溫會稍稍高於30度。換言之，人體平時總是被比大氣更溫暖的空氣所包覆著。

而當我們打開電風扇時，受體溫加熱的空氣會被吹走，包覆身體的這層空氣薄膜便遭到破壞。此時比這層空氣薄膜稍微涼爽一些的大氣流入膜內，我們便會感到涼爽。所以，當外面的風就像暖氣或空調室外機吹出來的風一樣，比體溫更加溫暖時，我們就不會感到「涼爽」。

電風扇的風為什麼會涼？

無風的狀態下，人體周圍隨時包覆著一層被體溫加熱的暖空氣。

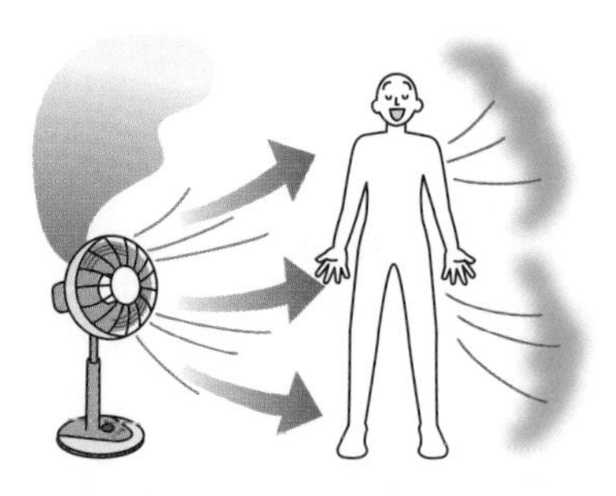

打開電風扇後，暖空氣被吹散，皮膚接觸到溫度較低的空氣，便會感到涼爽。

氣溫高低與汗液的蒸發難易度

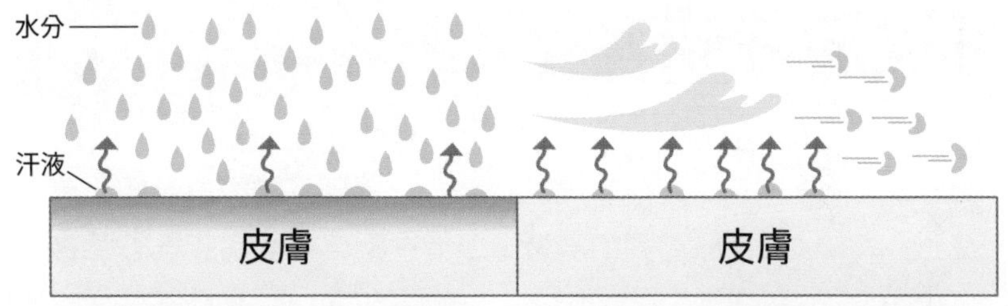

若空氣含有大量水分，汗液就不易蒸發，表皮的熱量無法排出。

空氣中的水分被風吹散，換成乾燥的空氣，汗液變得容易蒸發，身體的熱量得以排出。

氣溫較高時汗水不易蒸發

至於另一個原因，則是空氣中所含的水分。人類的身體，具有在體溫過高時便會自動排汗來調節體溫的機制。這個機制，利用的是水分蒸發帶走熱量的汽化熱原理。

蒸發後的水分會被體外的空氣吸收，但空氣所能吸收的水分也有極限。當大氣中的水分接近極限，也就是俗稱「濕度很高」的狀態時，水分便會變得不易蒸發。就跟已經擠滿乘客的電車，沒辦法再乘載更多乘客一樣。

而前面提到的「包覆人體的空氣薄膜」，平時就已飽含人體排出的水分。換言之，即使房間的濕度不高，在人體周圍的局部空氣仍處於高濕度的狀態。在這個狀態下，汗液不易蒸發，體溫也難以調節。

此時，若用電風扇的風破壞空氣薄膜，高濕度的空氣被吹散，乾爽的空氣便能來到人體四周。如此一來，汗液便容易蒸發，利用汽化熱原理降低體表的溫度。這個時候，我們就會感到涼爽。

為什麼降噪耳機可以消除噪音？

哼～哼～哼～哼哼～嗯～♪　這副耳機好厲害喔。可以只消除周圍的噪音，即使在電車裡面也能專心聽喜歡音樂。

那是降噪耳機對吧。上面附有麥克風，所以應該是主動式的吧？是用電力消除噪音的類型呢。

用電力消除噪音是什麼意思呀？話說居然可以只消除噪音，感覺應該是很厲害的技術呢。

只消除噪音的耳機

即使是在行駛噪音很大的電車等充滿噪音的環境中，只要戴上降噪耳機，也能享受寧靜清晰的音樂體驗。因為降噪耳機只會消除外部的噪音，所以不需要刻意調高音樂的音量，不需要擔心吵到旁邊的人。最近甚至還有不需要播放音樂也能單獨開啟降噪功能的種類，可以在睡覺時用來代替耳塞呢!?

降噪耳機可以只消除特定種類的聲音，感覺好像很不可思議，其實這個功能還可以分成「被動式降噪」和「主動式降噪」兩種。

降噪耳機的兩種類型

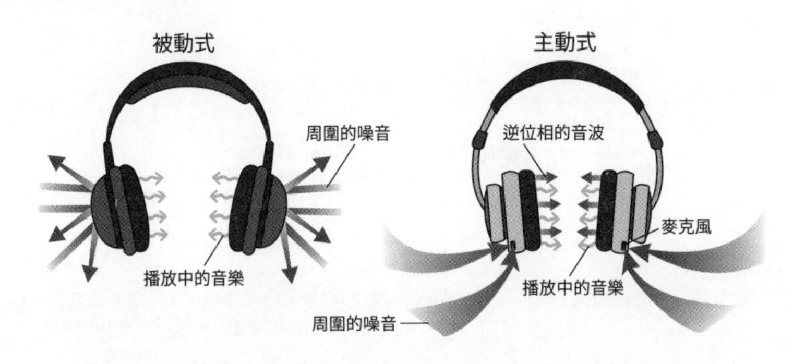

被動式會完全隔絕周圍的噪音，只播放音樂。主動式則是同時播放音樂和可抵消噪音的音波（逆位相的聲音）。

隔絕外部音波的被動式降噪

被動式降噪的原理，是採用隔絕外部音波的方法，換言之就跟你用手摀住耳朵是一樣的效果。用「可以撥放音樂的耳塞」來形容，或許更容易理解。

被動式降噪的優點，在於對高音頻噪音的阻絕效果非常出色，以及不需要耗電。但另一方面，由於是隔絕的方式過濾外部的音波，所以會連車站廣播等我們不想要過濾的聲音也一併消除。同時，因為結構上必須完全貼合耳朵，所以會造成壓迫感。而為了解決這些缺點，才有了主動式降噪技術的出現。

用電力消除噪音的主動式降噪

主動式降噪，是一種用電力消除噪音的方法。其原理是主動產生與噪音逆位相的音波，藉此抵消噪音。

音波這種東西一如其名，是藉空氣的波狀振動產生的。因此，只要讓另一個與原始音波振動方向完全相反的波與之相撞，就能使

主動式降噪所用的「逆位相」音波

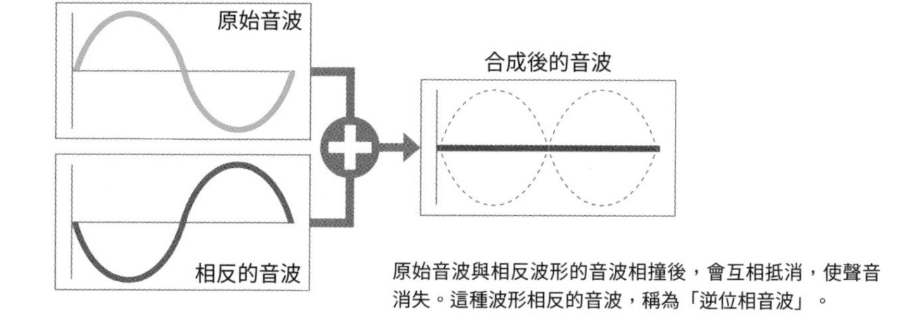

原始音波與相反波形的音波相撞後，會互相抵消，使聲音消失。這種波形相反的音波，稱為「逆位相音波」。

兩者互相抵消，消除聲音。這種與原始音波波形相反的波，就稱為逆位相音波。主動式降噪利用的便是這個原理。

主動式降噪的耳機外側，都裝有一個用來接收外界音訊的麥克風。耳機內的處理器會分析麥克風接收到的聲音，然後產生逆位相的音波。所以主動式降噪耳機內播放的，其實是音樂和四周噪音的逆位相音波疊加而成的音訊。

主動式降噪的優點，在於因為其原理是用電力產生逆位相的音訊去抵消噪音，所以可在一定程度上去控制哪些聲音要消除，哪些不消除。例如消除馬路上汽車的行駛噪音，但不消除交通信號的提示音。但是，因為降噪時需要耗電，所以耳機的體積通常較大。

被動式降噪與主動是降噪各有優缺，你可以依照自己的偏好來選擇。目前市面上販售的降噪耳機，大多同時結合了兩種降噪方式的優點，為了讓使用者能舒適享受音樂而經過精心設計。

為什麼影印機能複製原稿？

影印機在影印的時候，會做出很奇妙的動作呢。那個用光線掃一下的動作。

那是讀取文字和圖片時的打光動作喔。基本的原理就跟數位相機一樣，是成像的步驟之一。

跟數位相機相同的成像原理

影印機乃是「拍照功能」與「印刷功能」合二為一的裝置。可以想像成是把相機跟印表機拼起來的機械。影印機在印刷時發出的光芒，就跟照相機的閃光燈是同樣的作用。從捕捉影像到印刷出來，需要經過好幾道工序，下面就讓我們從最初的步驟逐一認識吧。

①捕捉影像　②將捕捉到的影像重現在感光滾筒上

③在感光滾筒上沾附墨粉

④將墨粉轉印到紙上　⑤固定墨粉

①的過程就跟拍照一樣。用強光照射原稿，然後用「感光元件（image sensor）」把通過原稿的光轉換成電子訊號。轉換電子訊號的原理非常簡單。只要印有文字、光線無法穿過的黑色部分當成「1（沒有光）」，而沒有任何文字、可透光的部分當成「0（有

將原稿印在感光滾筒上的原理

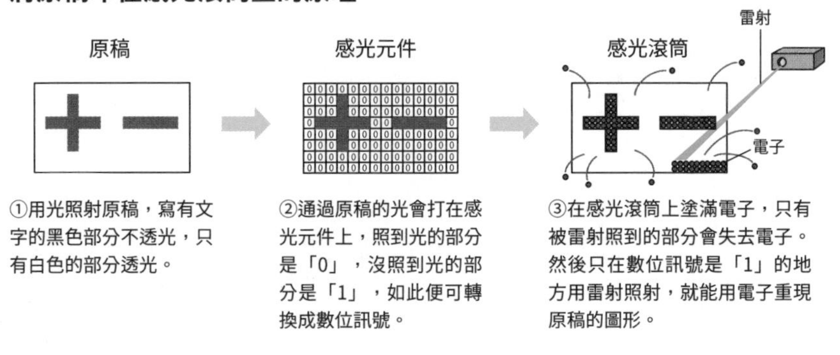

①用光照射原稿，寫有文字的黑色部分不透光，只有白色的部分透光。

②通過原稿的光會打在感光元件上，照到光的部分是「0」，沒照到光的部分是「1」，如此便可轉換成數位訊號。

③在感光滾筒上塗滿電子，只有被雷射照到的部分會失去電子。然後只在數位訊號是「1」的地方用雷射照射，就能用電子重現原稿的圖形。

光）」。這麼一來便可用0和1把原稿轉換成數位資料。

捕捉影像的原理雖然跟數位相機一樣，但相對於數位相機是一次捕捉所有畫面，影印機卻是由上而下依序拍攝掃描線上的文字和圖片。

巧妙運用電的＋和－讓墨粉附著

②將影像重現於感光滾筒上的步驟，就像是鉛板印刷中製作「印刷板」的工序。感光滾筒的材質，具有一旦照到光，就會釋放吸附於表面的電子的性質。所以只要在表面塗滿電子，然後依照拍攝的數位資料，把原稿中沒有文字的部分用雷射照射，被雷射照到的部分就會釋放電子，使電子只留在寫有文字的部分。換言之，只要運用殘留感光滾筒上的電子，便可重現原稿的影像。

而下一步③沾附墨粉，則相當於用鉛板去沾墨水的動作。這一步驟利用了正電和負電相互吸引的特性，所以下面請注意＋和－的符號。

在影印機中，墨粉（＋）是跟鐵粉（－）混合成「照相顯影劑」一起使用的。把磁鐵的N極靠近顯影劑，顯影劑中的鐵粉

墨粉（碳粉）附著在感光滾筒上的原理

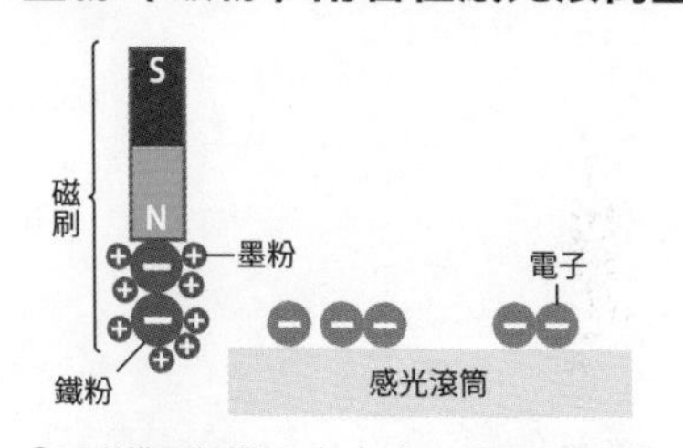

①用磁鐵吸起鐵粉（－）後，帶正電的墨粉也會被鐵粉吸起。

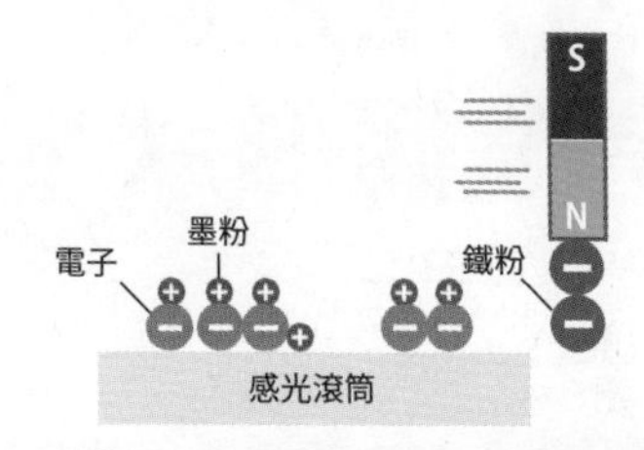

②用磁刷掃過感光滾筒的表面，墨粉會被帶負電的電子部分吸附，使墨粉留在感光滾筒上。

（－）會被吸向磁鐵，而墨粉（＋）也會一起被吸過去。然後再用吸了顯影劑的磁鐵去接觸感光滾筒的表面，這麼一來顯影劑中的墨粉（＋）就會被感光滾筒上的電子吸住。透過這一連串的步驟，便可使墨粉附著在有文字的部分上。

接著再把感光滾筒靠近影印紙（－）。因為紙張（－）的吸力比感光滾筒（－）更強，所以墨粉（＋）又會被吸到紙張上，如此④將墨粉轉印到紙上的工作就完成了。

可是，光是這樣只能讓墨粉停在紙的表面，所以還要利用加熱進行⑤固定墨粉的作業。因為墨粉含有塑膠，可以被高熱融化，融入紙的纖維，如此一來就算用被摩擦也不會脫落。這樣子影印的作業就大功告成了。最後只要把感光滾筒上殘留的電子一次清乾淨，便可繼續印下一張圖了。

以上的說明雖然很簡單，但實際上要把這麼複雜的工程壓縮到一台機器內，並在短時間內完成所有步驟，還需要搭配很多理論以外的工序，才能完成整個印刷工作。

為什麼插座是這個形狀？

你知道嗎？仔細看的話，插座的插孔左右長度其實是不一樣的喔。

真的耶！所以說，左邊跟右邊的孔是不一樣的囉？我們平常插電的時候，其實是有正確方向跟錯誤方向之分的嗎？

大部分的家電並不需要去管插插頭的方向。不過，想要安全地使用電器，最好還是認識一下插頭的結構比較好喔。

插座的左右插孔不等長

插座是我們每天都會在家裡看到的東西。如果現在要大家「請畫出插座的模樣」，想必大部分的人都會畫出兩個一樣大的長方形吧。可是，仔細觀察的話，你會發現插座右邊的插孔是7mm，而左邊則是9mm，左邊的插孔更長一點。

插孔的大小不一樣，是因為它們的職責不同。插座的功能，就是給電子用品提供電力，但實際上只有右邊的插孔在輸出電壓。至於左邊插孔的功用，則是電的逃生口。

一般的家用電壓為100伏特到200伏特，而日本的家電也都是依照這個電壓值設計的。然而，當供電設施發生異常，或是受到雷暴

三腳插頭的插座和接地線

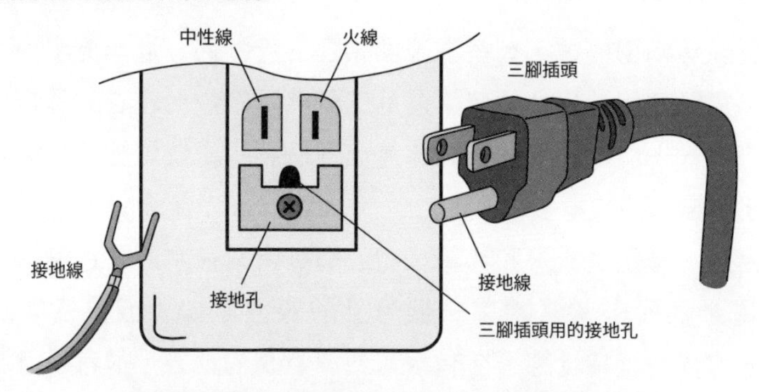

插座右邊的孔負責輸出電壓，左邊的孔負責釋放電壓（接地）。接地孔則是用來連接插頭的接地線，防止觸電。但近年還多了去除電磁波和噪訊的功能。

的影響，有時插座輸出的電壓會超過這個標準值。這種時候，如果沒有可以釋放電流的出口，電器就會被燒壞。而這個用來釋放電流的左側插孔，名為「中性線」。

插頭左右反插也沒關係

雖然插座的左右孔洞各有不同的功能，但電器用品的插頭在插上插座時並不需要去管左右的方向。這是因為，插頭的左右兩邊一樣長，不管從哪個方向插都可以作用。

不過，音訊設備和通訊設備等一部份較敏感的器械，有時會要求必須按固定的方向接上插座。唯有按照正確的方向接上插座，才能去除噪訊以高音質播放，DVD和藍光播放器等視訊器材的畫質也會比較好。

為什麼會有三孔的插座？

電腦等精密機械，有些電源插頭是三隻腳的。近年更出現專門給此類插頭使用的三孔插座；這第三個孔通常位於左右的長方形插孔下方，像一個砲彈形的小孔。這第三個孔叫做接地線，功能是用來防止觸電和釋放電磁波。

另外，像是洗衣機和冰箱、微波爐等常常在水源附近使用的家電，電源插頭上常常附帶一根分叉的綠色電線（或是裸露的銅線）。這條也是接地線。在有水氣或濕氣高的地方，很容易因為漏電而發生觸電意外。因此，廚房和浴室等水源附近的插座，需要多用一條接地線來把電流引導到地面。這都是為了防止漏電導致觸電意外的設計。

各國的插座都長什麼樣子？

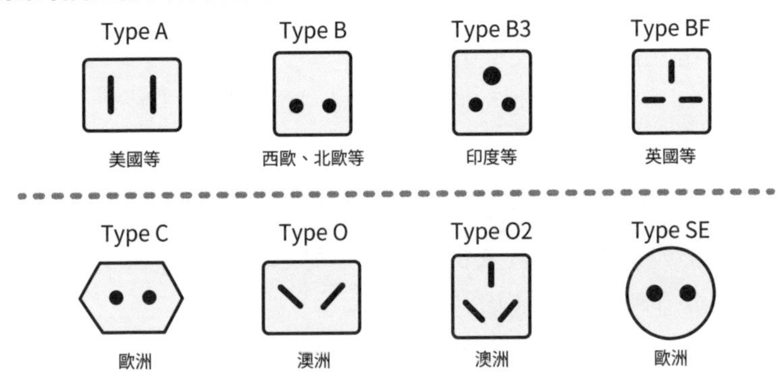

在其他國家還存在著形狀比三孔插座更稀有插座。到外國旅遊時，記得先調查當地的插座形狀，準備好轉換插頭喔。

第2章
家裡面的
科學

為什麼洗潔精可以洗掉油垢？

啊、漢堡的醬汁滴到衣服上了。應該用濕紙巾擦一擦就可以了吧。

最好還是用洗潔精比較好喔。只用水是沒辦法去除衣服上的油漬的。因為水和油的關係很差呢。

你的意思是，只要讓水和油當好朋友，汙垢就能洗掉了嗎？感覺有點難以理解耶。請你再解釋得更清楚一點！

無法相融的水與油

我們都曾有過在吃飯時，醬汁不小心滴到衣服上的經驗。這種時候，就算馬上用水洗或濕布擦拭，汙漬也還是會留在衣服上。這是因為醬汁中的油分黏在了衣物的纖細纖維上。

日文中常常用「油與水」來比喻兩個人的性格合不來，這是因為油與水是兩種非常難以混合的物質。由於水只能跟水，而油只會跟油混合的性質，所以就算我們把水和油攪拌在一起，它們也會馬上分開。也因為水跟油無法相融，所以我們不可能用水去除纖維上的油汙。

因此，我們需要使用洗潔精來撮合無法相融的油與水。只要了解洗潔精中的細微成分（分子）的構造，便能明白為什麼洗潔精可

界面活性劑的分子可以剝離油汙

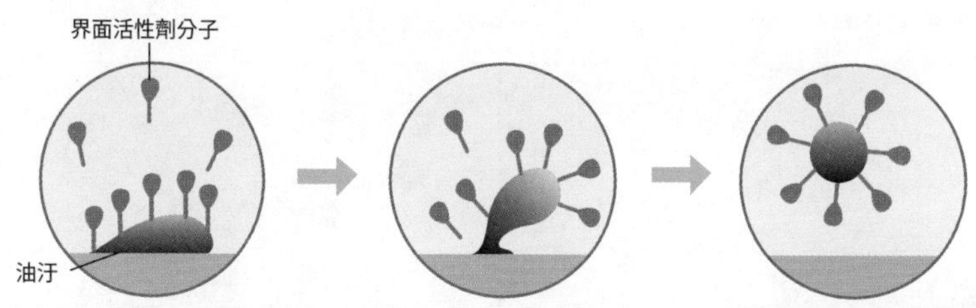

①大頭針狀的界面活性劑分子，具有親油的部分和親水的部分。親油的針狀部分會黏在油汙上。

②親水的球狀部分會與水分子結合，產生浮力，將油汙抬起。

③分子包住油汙，將油汙完全剝離。接著再沖水，就能將油汙一併沖掉。

以幫助水去除油汙。

結合油汙和水的界面活性劑

洗潔精的分子，可以想像成一根由球體和針組成的大頭針。針的部分名為「親油基團」，具有容易與油脂分子結合的性質；而球體的部分名為「親水基團」，具有容易與水分子結合的性質。

將洗潔精混入水中，親油的針狀部分會立刻黏住油汙。此時，由於親水的球狀部分會黏向水分子，並遠離油脂分子，所以洗潔精分子會向魚叉一樣豎著插在油脂分子上。如此一來，洗潔精的分子便會逐一包覆油脂，變成海膽一樣的形狀。

然後，當球體部分在水中浮游時，浮力會把油汙抬起，剝離衣物纖維。然後，被剝離的油脂分子又會被更多洗潔精分子黏住，完全包覆，使得油脂沒法再沾回纖維上。接著，再用水沖刷從纖維上被剝下的油汙，便可將衣服洗乾淨了。

順帶一提，洗潔精的成分還有覆蓋纖維表面的特性，所以也有防止纖維再次沾上汙垢的作用。而這種同時帶有親油基團和親水基團的洗潔精成分，就叫「界面活性劑」。

酵素可助界面活性劑更有效

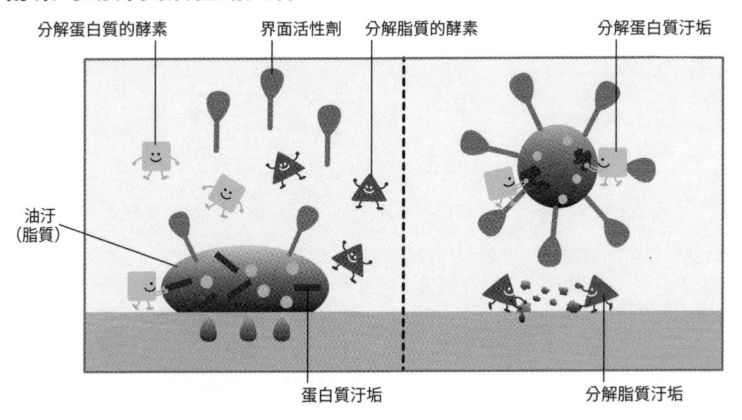

酵素可針對蛋白質和脂質等特定物質，將汙垢分解成更細小的分子，
幫助界面活性劑剝除汙垢。

酵素可助界面活性劑更有效

很多洗潔精產品主打裡面「添加酵素」。我們的衣服穿了一天後，通常會沾附各種如汗水和汗垢等含有蛋白質，以及食物碎屑等含有澱粉的汙垢。而酵素可以將這些汙垢分解成更細的分子，使界面活性劑更有效。其原理就跟我們吃東西時分泌的消化酵素，可以將食物分解成更容易吸收的小分子是一樣的。

順帶一提，酵素具有只會分解特定物質的性質。例如「蛋白酶」只會分解蛋白質，而「澱粉酶」只分解澱粉，「脂酶」只分解脂質。所以，使用酵素的時候，必須依照汙垢的種類選擇適當的酵素才有效果。

為什麼紙尿布可以吸收水分而不外漏？

用剩的紙尿布，似乎可以用各種巧思回收再利用呢。例如擦拭炸東西的油漬，或是在打翻飲料時代替抹布。

因為紙尿布的吸水能力很好呢。裡面到底都用了什麼材料呢？

紙尿布是由很多層結構組成的，主要材料是一種俗稱高分子吸收體的吸水材料。可以吸收自身重量幾十倍的水分，然後凝固成膠狀喔。

紙尿布可粗略分為三層

拿在手上仔細觀察，會發現紙尿布的厚度薄得令人驚訝。不僅可以吸收嬰幼兒數次排尿量的水分，而且還能保證水分不會外漏，到底如何辦到的呢？

把紙尿布拆開，會發現裡面有好幾層不同的材質，大致上可分為三層。最內層是直接接觸嬰兒皮膚、吸取尿液的表面材；中間是吸收尿液並固化的吸水材；最外層是防止吸收的尿液滲到外面的防水材。除此之外，在內側和外側還有用來擋住尿液，防止外漏的立體防漏側邊。

紙尿布的三層構造

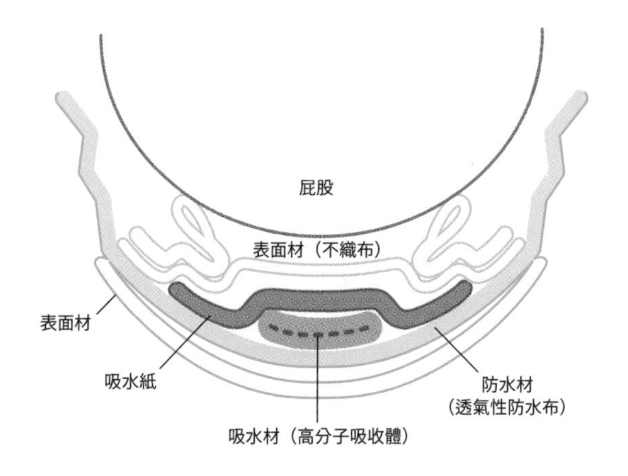

紙尿布可大致分為表面材、吸水材、防水材這三層結構。表面材會吸取尿液送到吸水材，而吸水材會把吸收的尿液固化。外側的防水材則負責防止尿液滲漏，扮防護牆的角色。

高分子吸收體會將液體變成凝膠狀

首先，直接接觸嬰兒肌膚的表面材，使用的材質是不織布。不織布是一種由纖維加熱融化，或是用水流等壓力壓製而成的布料。由於不織布的吸水能力比一般的布料差，所以尿液會迅速滲入下方的吸水材，不會逆流回去。此外，還可以使接觸肌膚的表面保持乾燥。

表面材下則是一層吸水紙，這層吸水紙可以迅速把尿液送到吸水材。而負責吸收尿液的最關鍵材質，就是再下面的吸水材。吸水材的材料中，含有一種俗稱「高分子吸收體（高分子聚合物）」的粉末狀物質。

高分子吸收體是一種由許多分子組成的網狀物質，1公克就可以吸收數百公克的水分。而紙尿布使用的高分子吸收體，是利用「滲透壓」來吸收尿液。

所謂的滲透壓，是用半透膜（水分子可以通過，但融於水中的物質無法通過的膜）分隔兩種濃度不同的液體時，使水分子從濃度

高分子吸收體靠「滲透壓」吸收水分

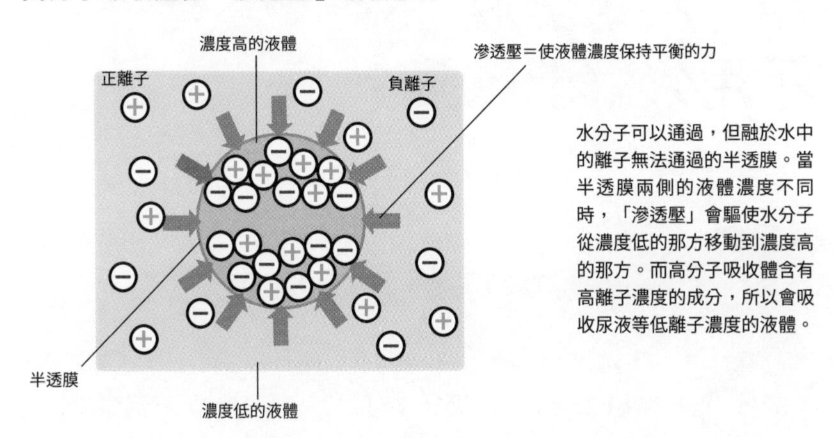

低的一方移動到濃度高的一方的壓力。當兩種水溶液的濃度差愈大，滲透壓也就愈大。

由於高分子吸收體的內部離子濃度高，而尿液的離子濃度低，所以尿液的水分子會被高分子吸收體吸收。而且被吸收的水分會凝固成膠狀，不會滲到外面。

防水材具有透氣性

紙尿布外側的防水材，是一層可以防止吸收的尿液滲漏，又具有透氣性的材質。材質表面有很多肉眼看不見的微孔，可讓水蒸氣等氣體通過，但尿液之類的液體無法通過。所以可以防止尿液滲漏，只讓濕氣排出去，使紙尿布裡面不會太過悶濕，導致皮膚發炎。

為了讓嬰兒可以自由活動，且保有舒適的感受，小小一片紙尿布中，隱藏了各式各樣的科學技術。

為什麼電磁爐
不用火就能煮飯？

我家廚房有一台電磁爐喔。明明沒有用火，卻能夠加熱燒水壺和鍋子，這到底是為什麼呢？

電磁爐最上面的面板本身是不會發熱的。它其實是運用電磁波，直接讓燒水壺和鍋子發熱的喔。

難怪剛用完電磁爐後，馬上觸摸放鍋子的面板也一點都不燙。

利用電磁感應讓金屬鍋具自己發熱

近幾年日本全電氣化的住宅愈來愈多，廚房內改用電磁爐取代瓦斯爐的家庭也增加不少。一如大家所知，電磁爐不需要用火。電磁爐的日文「IH調理器」的「IH」，就是Induction Heating的縮寫，也就是「電磁感應加熱」的意思。是一種利用電力和磁力，使鍋子自己發熱的技術。

瓦斯爐的爐架是用金屬製成，但電磁爐的面板卻是用玻璃打造。其內部裝有用銅線纏繞而成的「線圈」。當線圈通電時，便會在周圍產生磁場。當金屬製的鍋具靠近時，磁場的磁力線碰到金屬，便會使鍋具內部產生無數的漩渦狀電流。這種電流叫做「渦電

電磁爐的電磁感應加熱原理

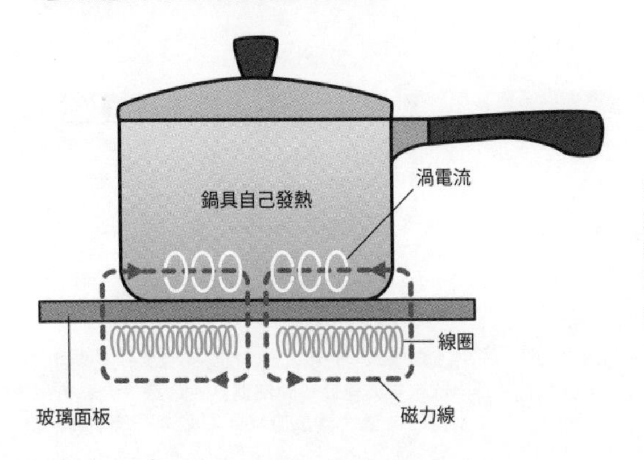

對玻璃面板下的線圈通電，線圈就會產生磁力線；而磁力線會在鍋底產生渦電流。渦電流通過鍋具時會因金屬的電阻而轉換成熱，使鍋子自己發熱。

流」，而引發渦電流的現象則稱為「電磁感應」。

然後，當渦電流流過鍋具，由於金屬帶有電阻，所以會發熱。這個熱量可加熱鍋的內部，煮熟鍋內的食物。

金屬的電阻大小會影響發熱量

打開電磁爐的開關，電流會通過線圈，在電磁爐的面板上產生磁力線。而溫度調整，可靠通過線圈的電流大小控制；最近出產的電磁爐很多還裝有溫度感測器，可以自動調整電流大小。

鍋具的發熱量，與鍋材金屬的電阻大小成正比。如鑄鐵或不鏽鋼等電阻大的金屬，發熱量也大，鍋內的加熱速度很快。另一方面，銅和鋁等金屬的電阻低，電流可以流暢無阻地通過，所以發熱量就少。這就是為什麼銅鍋和鋁鍋不適合用電磁爐加熱。

不過，最近市面上也開始出現可以產生更強的磁場，適用於所有金屬材質的「全金屬對應」電磁爐。

電磁爐可把熱留在鍋內

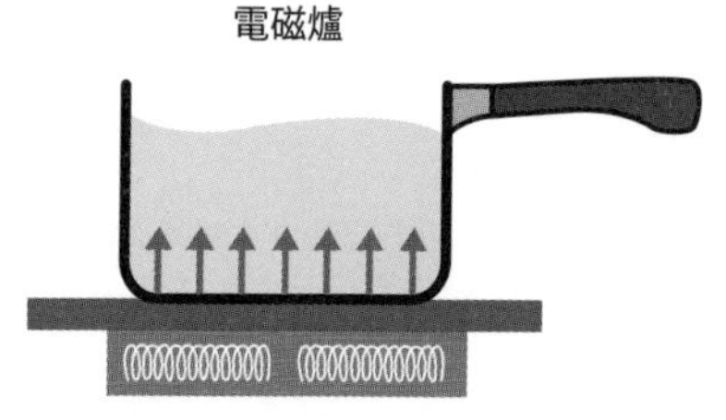

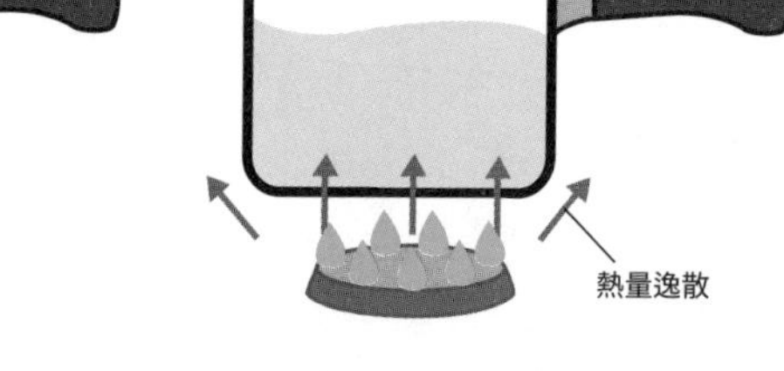

電磁爐的原理是讓鍋子自己發熱。而鍋底因為和玻璃面板緊貼，所以熱量不會逃走，避免能源的浪費。熱效率約有90%。

瓦斯爐的鍋底和火源之間必須保留一定空間，故火焰的熱能會朝四面八方逃散。大約有一半的能量會變成廢熱，熱效率只有約40～55%。

電磁爐的優點是加熱時沒有燃燒現象

由於電磁爐加熱鍋具和燒水壺的原理，比較不會讓熱量逸散到周圍，所以電能的轉換效率很好。而瓦斯爐的火焰發出的熱量，除了加熱鍋子之外也會傳導至周圍的空氣，熱效率只有40～55%左右。相對地，直接加熱鍋子的電磁爐有約90%的熱效率，將近瓦斯爐的2倍。

而且不使用火的電磁爐，不會點燃旁邊的紙和布，不用擔心忘記關火。此外，也不會像瓦斯爐燃燒時一樣產生二氧化碳。除了節能之外，安全性也是電磁爐的一大優點。

為什麼除霧鏡不會起霧？

老師你的鬍子沒刮乾淨喔。你有好好看著鏡子刮嗎？

啊、真的耶。因為刮鬍子的時候鏡子很容易起霧，不小心看漏了。

這麼說來，我洗臉的時候鏡子也常常起霧呢。聽說好像有種不會起霧的鏡子，那到底是什麼原理呢？

洗手間和浴室的鏡子容易起霧的原因，其實是因為水珠喔。至於為什麼水珠會讓鏡子起霧，我們就先從這裡說明吧。

鏡子起霧的原因在於水珠

洗臉台和浴室的鏡子很容易起霧，常常讓我們感到很不方便。

鏡子起霧的原因，是空氣中的水分變成微小的水珠，黏附在鏡面上。雖然眼睛看不見，但空氣裡含有水蒸氣，也就是變成氣體的水分子。

空氣中所含的水蒸氣量，會隨著溫度而改變。暖空氣可比冷空

起霧的鏡面

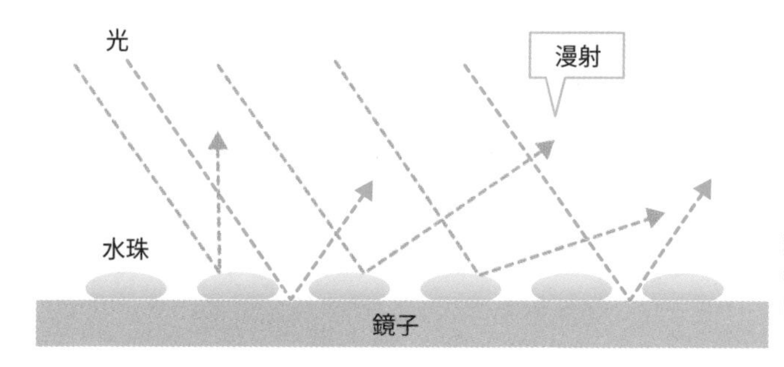

起霧的鏡子表面，沾滿了無數不規則的水珠。水珠導致光的漫射，所以看起來才會白濛濛的。

氣容納更多的水蒸氣。所以當暖空氣降溫時，那些容納不下的水蒸氣就會變成液體的水。譬如在杯子裡倒入冰飲料時，杯壁周圍會馬上結出水珠，就是因為杯子四周的空氣被冷卻，讓空氣裡的水蒸氣變成了水。

而鏡子上的水珠，也是相同的原理。當玻璃製的鏡子溫度比室內的氣溫更低時，鏡子周圍的水蒸氣就會化為無數的小水珠附著在鏡子上。而且，此時這些水珠會以不規則的狀態黏附在鏡子表面，使得鏡面變成凹凸不平的狀態。而凹凸不平的鏡面無法規則地反射光線，便會產生漫射。這就是鏡子起霧的原因。由於光的漫射，才使鏡子看起來白濛濛一片。

怎樣才能使鏡子不起霧？

要解決鏡子起霧的問題，只要讓水珠變成水面就行了。一旦水珠在鏡面上呈現均勻平整的狀態，就不會導致光的漫射。而且，比起水珠的狀態，均勻攤平的水更容易蒸發。而「防霧劑」這種產品的功能，便是讓鏡子得到這種使水均勻攤平的性質（親水性）。

防霧劑中含有洗潔精中使用的界面活性劑和酒精等親水性成

具有親水性的防霧劑的效果

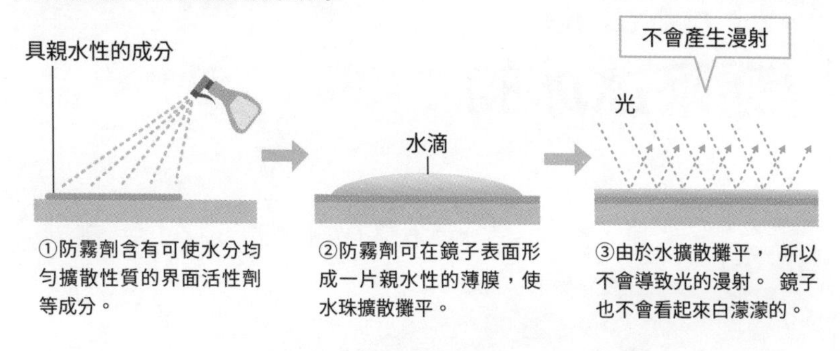

分。噴在鏡子的表面，可以產生一層親水性的薄膜，使水珠不易形成，控制起霧的現象。另外在鏡面抹上肥皂或洗髮精也可以暫時防止鏡面起霧，也是因為其中含有界面活性劑的緣故。

在噴上防霧劑之前，一定要先把鏡面擦乾淨。因為鏡面上的灰塵很容易跟空氣中的水分結合，而油汙則有彈開水分子的性質。如果鏡面不夠乾淨，即使噴了防霧劑也還是容易產生水珠。

最近還有一種利用光觸媒的高性能塗層產品。所謂的光觸媒是一種可以藉由光照來分解汙垢和細菌的材料，以二氧化鈦最常見。二氧化鈦除了可當成光觸媒外，還有一種俗稱超親水性的性質，只要照到光，就能讓水在光觸媒的表面擴散成一片薄膜。換言之，只要在鏡面鍍上一層二氧化鈦，水就不會在鏡子上結滴，鏡子也不會起霧了。

為什麼金屬摸起來冰冰的？

老師你看，這個冰淇淋都凍得硬梆梆的了！用塑膠湯匙感覺會挖斷的說。

用金屬湯匙挖就行了喔。金屬的熱導率比塑膠更好，比較容易融化結凍的冰淇淋。

嘿〜〜，原來不只是因為金屬比較堅固啊。啊，不過老師一旦說起話來就沒完沒了，等你講完冰淇淋都融化了呢。

物體的熱會從高溫往低溫移動

廚房的磁磚跟水槽的不鏽鋼，哪個摸起來比較冰呢？一定是不鏽鋼對吧？錯了，其實在相同環境下，物體的表面溫度，磁磚和不鏽鋼是差不多的。然而金屬摸起來卻比較冰，這其實跟「熱導率」有關。

人體對溫和冷的感覺，不是由觸摸物體的溫度，而是觸摸時有多少熱從手轉移到物體，或從物體轉移到手上決定的。通常，人體的體溫約在35〜37度之間，而鐵之類的物體溫度比人的體溫更低。觸摸鐵金屬時，人體的熱會移動到溫度更低的金屬上，所以手會感到冰涼。這種熱量移動的現象稱為熱傳導，而熱傳導到其他物體上的難易度則用熱導率的數值（P.51表格）來表示。

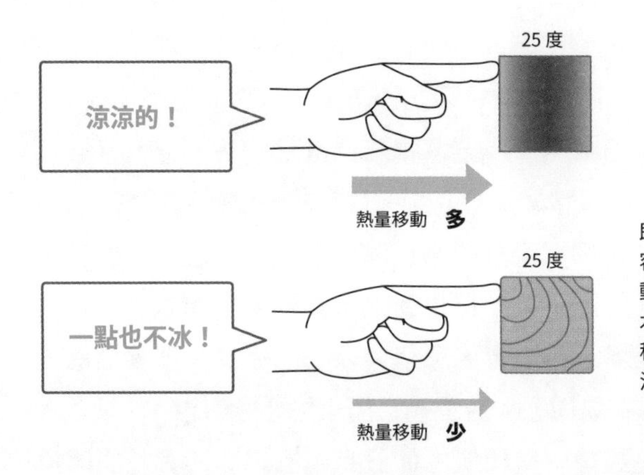

金屬和木材的吸熱能力有差

即使溫度相同，由於熱量比較容易在熱導率高的金屬上移動，所以摸起來比較冰冷。而木材的熱導率低，所以熱量的移動較少，摸起來不會感覺冰涼。

一般而言，金屬的熱導率高，而木材和布料等材料的熱導率較低。而人體也屬於不容易導熱的物質，所以觸摸砧板等非金屬物質時，不會像摸到鐵金屬一樣感覺冰冷。

冰冷的感覺隨密著度而異

那麼，觸摸玻璃和木材時，哪一種摸起來感覺更冰冷呢？相信絕大多數人都會回答是玻璃吧。然而，玻璃和木頭的熱導率其實幾乎相同。儘管如此，玻璃摸起來卻比較冰，這其實跟接觸的密著度有關。

觸摸可與皮膚緊密貼合的物體，與留有很多空隙的物體，感受到的溫度也大不相同。玻璃的表面十分平滑，所以觸摸時手與玻璃

常見物質的熱導率

物質	熱導率（W/m・K）	物質	熱導率（W/m・K）
鑽石	1000 ～ 2000	不鏽鋼	16.7 ～ 20.9
銀 (0°C)	428	水 (0°C～ 80°C)	0.561 ～ 0.673
銅 (0°C)	403	玻璃	0.55 ～ 0.75
金 (0°C)	319	木材	0.15 ～ 0.25
鋁 (0°C)	236	羊毛	0.05
鐵 (0°C)	83.5	空氣	0.0241

之間不容易有空氣進入。然而，木頭的表面凹凸不平，與手的空隙之間會進入很多熱導率低的空氣，因此摸起來不像玻璃那麼冰涼。

各種物質中，鑽石的熱導率要遠遠勝過其他物質。這就是為什麼人造鑽石常被用於半導體零件的散熱，以及電子鍋的內鍋材料。

與我們的日常生活密不可分的湯鍋和燒水壺、平底鍋等廚具，雖然不像鑽石的導熱性那麼好，但也都是用熱導率高的鐵或銅等材料製成的。從這點來看，外面賣的冰淇淋隨附的丟棄式塑膠湯匙，因為熱導率低、體溫不易傳遞，並不適合用來融化冰淇淋。

那麼，接下來是最後一道問題。假設有兩瓶結冰的寶特瓶礦泉水。一瓶保持原本的狀態，而另一瓶則把融化的水倒掉。請問哪一瓶的冰塊會先完全融化呢？答案……請看下圖！

從熱導率的觀點思考，一定還能想出更多有趣的問題。

哪瓶的冰塊比較快融化？

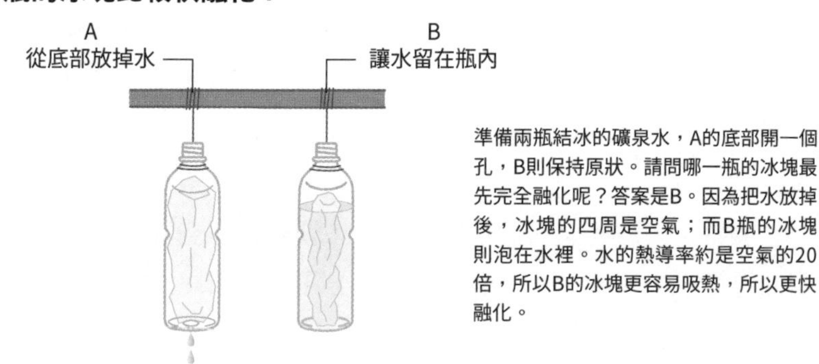

準備兩瓶結冰的礦泉水，A的底部開一個孔，B則保持原狀。請問哪一瓶的冰塊最先完全融化呢？答案是B。因為把水放掉後，冰塊的四周是空氣；而B瓶的冰塊則泡在水裡。水的熱導率約是空氣的20倍，所以B的冰塊更容易吸熱，所以更快融化。

為什麼可擦式原子筆的字擦得掉？

這張申請書，一定要用原子筆寫才行嗎？一想到要是寫錯字，就忍不住緊張起來了。

我有支很好用的原子筆喔。這支原子筆的墨水存在祕密，可以利用摩擦熱把寫上去的文字去色。所以寫錯了也可以擦掉。

雖然聽不太懂，但總之就是「可擦式原子筆」對吧。拜託，借我用一下！

因溫度而變色的墨水

寫在紙上的文字不會掉色、擦不掉，可說是原子筆的一大特色。然而，原子筆一旦寫錯字就很麻煩。正式的文件不能用立可白塗改，重新寫一張又很累人。因此，才有了「可擦式原子筆」這種現代人已經很熟悉的好用文具誕生。

目前主流的可擦式原子筆，由百樂集團研發的，又叫「魔擦鋼珠筆」。這種筆的外觀、筆跡、墨水乍看之下都很普通。然而，它寫在紙上的文字，卻可以用筆尾的橡皮擦掉。

其中的秘密，就在墨水身上。「魔擦鋼珠筆」這個名字，來自「摩擦」的諧音。裡面所用的是一種會因摩擦熱而變透明的墨水。

可擦式原子筆的墨水原理

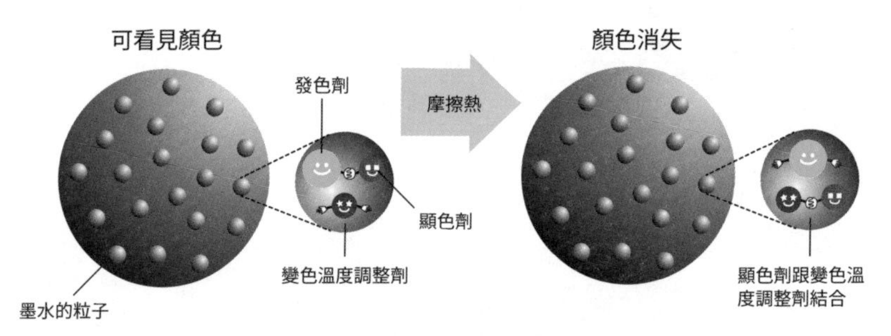

墨水中所含的發色劑本身是無色的，只有跟顯色劑結合後，才會出現顏色。然而用橡膠摩擦生熱後，顯色劑會改跟變色溫度調整劑結合，與發色劑分離。換言之，發色劑會變回無色。

可擦的祕密在於墨水中的三種成分

可擦式原子筆使用的墨水，添加了一種直徑約2～3微米的微型膠囊；這種膠囊內含有三種成分。這三種成分分別是紅、藍、黑等顏色的發色劑，可促進發色的顯色劑，以及變色溫度調整劑。發色劑無法光靠自己呈現顏色。必須在常溫下與顯色劑結合，寫出來的文字才會有顏色。

然而，如果用橡皮摩擦文字，產生65度以上的熱，顯色劑就會跟變色溫度調整劑結合。換言之，發色劑和顯色劑會再次分離，使文字褪色變回無色。

順帶一提，被擦掉的文字在常溫下會一直保持透明，但墨水本身並不會因此消失。如果把墨水放進零下20度的冷凍庫中降溫，消失的文字又會再次出現。因為變色溫度調整劑，在冷卻的時候也會發生反應。

傳真機的感熱紙所用的發色劑原理

電源關閉

熱感寫印字頭

發色劑

感熱紙

顯色劑

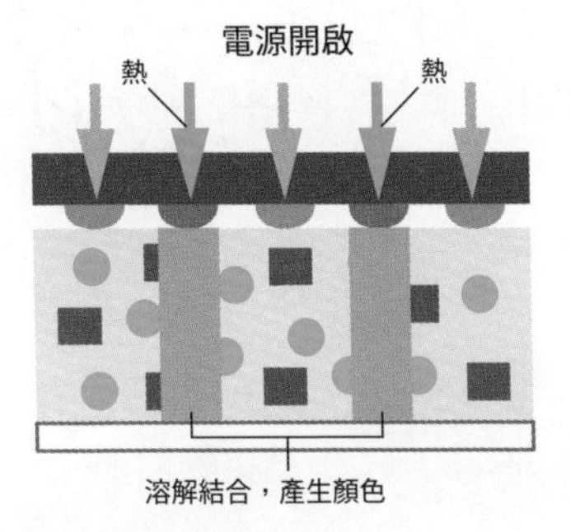

感熱紙是一種可以將傳真機的熱感寫印字頭的發熱狀態完全轉印下來的紙。紙上塗有發色劑和顯色劑，所以只有被加熱部分的發熱劑和顯色劑會溶解結合，呈現出顏色。

可擦式原子筆的墨水也被應用在傳真機上

可擦原子筆的發色劑所用的無色染料，也被用在傳真機的感熱紙上。傳真機可以把文字和圖片轉換成電子訊號，利用電話線傳送到遠方；而接收訊號的那方會依照收到的訊號將文字和圖片印在紙上。而印刷時所用的就是感熱紙。

感熱紙的表面塗有無色染料和顯色劑，因此只有被加熱的地方，發色劑會跟顯色劑結合，變成黑色等顏色。換言之，變黑的部分就是文字和圖片。

這就是為何傳真機明明不需要更換墨水或墨粉，因為箇中的秘密其實是在紙上。

為什麼三秒膠（超能膠）「三秒」就能黏住？

不久前我的手機殼裂開了，所以我就用三秒膠黏了一下。真的只要三秒就黏好了耶。

黏著劑原本是液體，變成固體後便可固定物體的黏接面。而三秒膠的特色便是凝固速度非常快。

嘿～～，原來是這樣啊！可是，為什麼三秒膠可以凝固得那麼快呢？裡頭一定有什麼祕密吧？

黏著劑在黏接物體時會凝固

現代的黏著劑除了木材和塑膠外，還可以用來修補橡膠和陶瓷等材質，在許多場合都是不可或缺的好工具。然而，一般的黏著劑需要等很久才會凝固，這段期間要是不小心動到黏接處，黏接面就會歪掉，常常讓人恨得牙癢癢受不了。

而三秒膠的發明，就是為了解決等待黏著劑凝固的焦慮感。可是，三秒膠跟普通的黏著劑到底有什麼不一樣呢？想要解開這個謎團，首先必須了解黏著劑黏接物體的原理。

請回想一下你以前使用膠水或糨糊的經驗。這些黏著劑從容器裡擠出來時都是液體。而我們把它塗在物體跟物體的銜接處，等待

三秒膠分子的化學變化

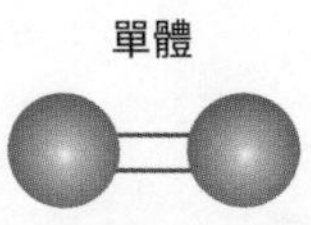

❶ 裝在塑膠管內時，黏著劑的分子處於俗稱「單體」的鬆散狀態。

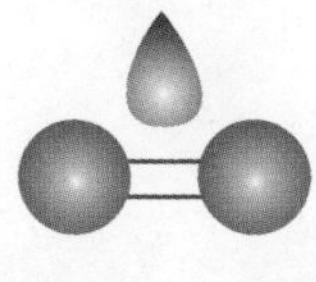

❷ 從塑膠管內擠出後，三秒膠會與空氣中的水分子發生反應。

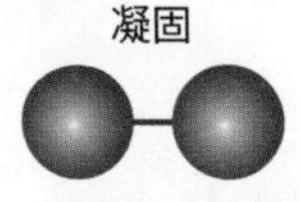

❸ 鬆散的分子急速凝固結合。

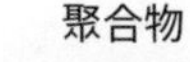

❹ 分子陸續結合變成聚合物（高分子）。

乾燥後，又會變成固體。換言之，液體狀態的黏著劑可以進入兩個物體的分子之間，並藉由凝固使分子與分子結合。

與空氣中的水分子反應，使分子與分子結合

黏著劑可藉由從液體變成固體，將物體接合在一起。換言之，三秒膠就是一種具有只要「三秒」便可從液體變成固體之性質的黏著劑。

而三秒膠所使用的，是一種名為氰基丙烯酸酯的物質。氰基丙烯酸酯會跟水分子反應，在幾秒內凝固。而且，即使是空氣中所含的水蒸氣，或是物體表面的濕氣，也能觸發反應。

氰基丙烯酸酯裝在塑膠管之類的容器時，會密封保持在液體狀態。用科學的術語解釋，就是分子與分子十分鬆散的狀態，是一種「單體（monomer）」。而從容器裡被擠出來時，氰基丙烯酸酯接觸到空氣中的水分，會瞬間凝固。此時，分子與分子會互相連接，變成更大的分子（高分子）；這種大分子就稱為「聚合物

三秒膠黏接物體的過程

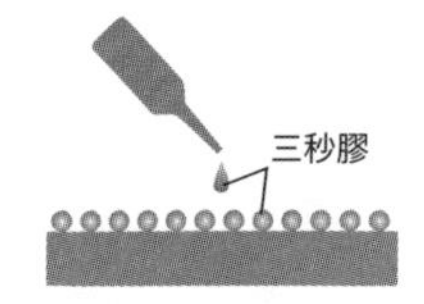

❶ 將三秒膠均勻塗在黏接面上。

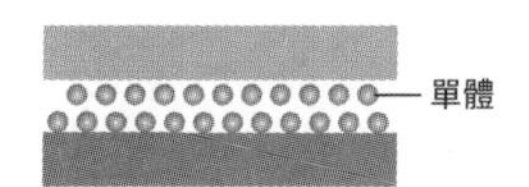

❷ 將兩物體的黏接面結合，另一邊的黏接面上也要塗上三秒膠。

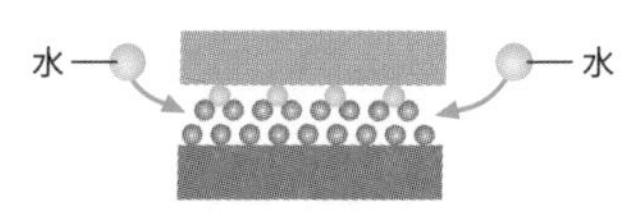

❸ 空氣中的水分與三秒膠反應，迅速硬化。

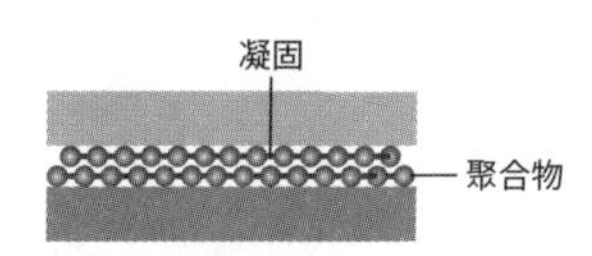

❹ 三秒膠在兩片黏接面變成聚合物，將兩邊的物體牢牢黏在一起。

（polymer）」。而當三秒膠從單體變成聚合物時，物體跟物體就會被黏接起來。

黏著劑塗太多反而黏不住

使用三秒膠時常犯的一個錯誤，就是誤以為塗愈多黏得愈牢。其實，這麼做反而是反效果。如果黏著劑塗得太厚，與要黏的物體之間的接觸面就會變小，讓黏力變差。而且，黏著劑塗太多，與空氣中的水分進行化學反應的所需時間就愈長。

還有，塗過一次黏著劑的地方，如果乾掉後再塗一次，由於黏著劑無法滲透到物體的黏接面，所以黏接效果也不好。遇到這種情形時，應該先清除黏接面的多餘髒污。另外，想要提高黏著度的話，在黏之前先用砂紙將表面磨得粗糙點會更有效。

為什麼食物會腐爛？什麼是腐爛？

本來想留著慢慢享用的泡芙，我明明放在冰箱裡，卻被媽媽丟掉了。

應該是因為壞掉了吧？即使放在冰箱內，食物還是會腐壞喔。

這麼說來，我聽說食物會腐壞是因為有微生物存在。一旦沾到微生物，就算放進冰箱也不會消失呢。

食物腐壞的原因是微生物

如果我們的眼睛可以看見顯微鏡下的世界，會是什麼樣呢？本以為非常乾淨的浴室將滿是黴菌，床上爬滿塵蟎，切菜和剁肉的菜刀和砧板上棲息著大量的菌類，恐怕將令人食不下嚥。

我們平常吃的食物會腐壞，是因為微生物的關係。微生物泛指必須用顯微鏡才能觀察到的微小生物，除了細菌和黴菌外，阿米巴原蟲和草履蟲也都包含在內。微生物會附著在食物上，以醣類和蛋白質等營養素為食，然後將它們轉變成其他成分排出。這個行為在人類身上稱之為「排泄」，在微生物的世界稱為「分解」；而使食物腐壞的原因就是微生物的分解行為。所謂的腐壞，就是食物的成分發生變質，變得不能被人食用的意思。

食物的表面經常有微生物在活動

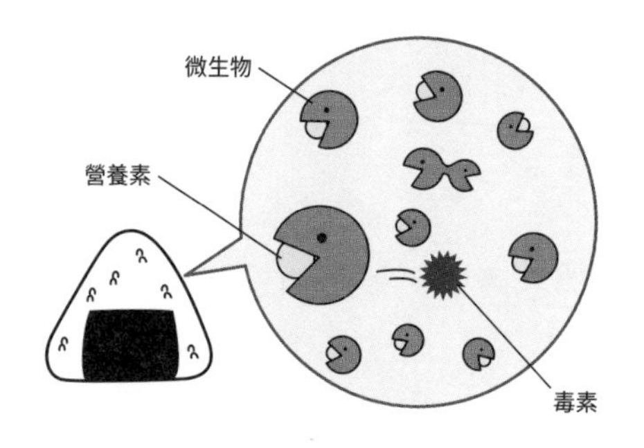

附在食物上的微生物，會吃掉食物的營養素並加以分解，使原本的成分變質。而物質變質後變成人類不能吃的狀態，就叫做腐壞。變質後的有害物體，就是食物腐壞時會發出怪味和黏液的原因。

微生物擁有驚異的繁殖力。大多數的微生物是用分裂來繁殖。假如食物上沾到了一隻每十分鐘可分裂一次的微生物，那麼五個小時後這種微生物就能繁殖到超過10億隻。因此，微生物數量愈多，腐壞的速度就愈快。

一般來說，最適合微生物繁殖的環境是30～37度，所以要抑制微生物繁殖，最好的方法就是保存在低溫且低濕度的地方。而最滿足以上條件的環境，也就是冰箱。

然而，這麼做頂多只能讓微生物的繁殖速度降低。只要附著在食物上的微生物仍在活動，食物就會持續腐壞。所以一定要記住，冰箱並沒有讓食物不會腐壞的魔法。

發酵和熟成也是依賴微生物

另外，微生物分解時產生的毒素，大多時候都對人體有害。腐壞的食物之所以會發出奇怪的氣味，或是冒出黏黏的絲，都是因為這種毒素。一旦食物上沾到這種毒素，無論再怎麼加熱，也還是不能吃。

話雖如此，微生物也並非全是壞蛋。微生物分解食物排出的並

微生物繁殖是等比級數

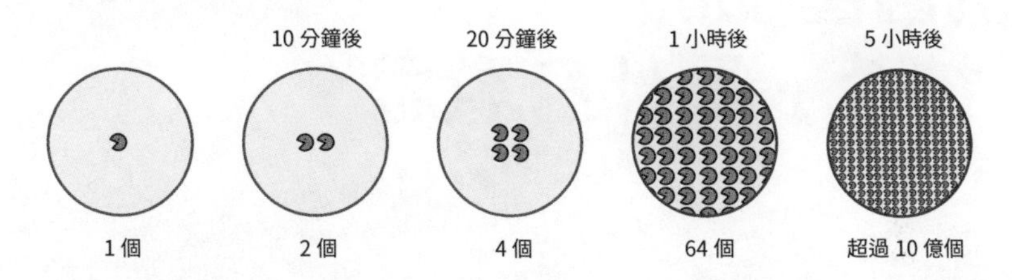

單細胞生物的微生物，每次分裂後就會變成2倍。假設某微生物每10分鐘可以倍增一次，那麼食物上只要沾到一個，1小時後就會變成64個，2小時後將超過4000個，3小時後超過26萬……5小時後將多達10億以上。

非全是毒素，有時也會排出對我們很有用的東西。最有代表性的例子就是發酵。味噌和醬油、優格等食品，就是利用微生物的力量讓原料變質而成的。

還有，日常生活中常常聽到的熟成（aging），也是利用變質產生的食品。像是超市和餐廳常見的熟成肉，也是藉由故意讓適量微生物附著，使之變質製成的肉品。讓肉類在不至於腐敗的情況下放置一段時間，利用微生物產生的酵素分解蛋白質，將蛋白質轉換成胺基酸，提升肉的鮮味。不過，熟成需要嚴格控制溫度、濕度、時間，才能讓酵素發揮最好的效果。如果管理不當，反而會讓有害的微生物繁殖，導致腐壞。所以一般家庭想獨立製作熟成肉，是非常危險的事。想要在安心、安全的情況下享用熟成肉的風味，還是交給專家來處理比較明智。

抗菌產品的「抗菌」是什麼意思？

我的鉛筆盒上貼著「抗菌」的標籤，意思是永遠不會變髒嗎？

所謂的抗菌啊，意思是細菌不容易沾附在上面。所以只要時常自己用布擦拭就可以了。

所以說，它不能自己殺死細菌，或是讓細菌數量減少嗎？什麼殺菌啦、抗菌啦、除菌之類的，這些術語到底有什麼不同呀？

「抗菌」不同於殺菌和除菌

我們的身邊，充斥著許多主打有「抗菌」效果的產品。例如衣服、文具、廚具、電子產品、房屋建材乃至各種設備，可說不勝枚舉。然而，恐怕很少人真的確實理解抗菌的意思。除了抗菌以外，還有殺死細菌的「殺菌」、完全殺滅細菌的「滅菌」、用清洗方式去除細菌的「除菌」、控制細菌繁殖的「抑菌」等術語，相信大多數人應該都搞不清楚到底哪個是哪個吧。

但無庸置疑的一點是，所謂的抗菌產品，並沒有殺菌、除菌、滅菌等可以殺死或削弱細菌的效果。

所謂的抗菌，意思是可以抑制細菌的繁殖。而抗菌產品，就是

殺菌、抗菌、除菌的差別（＊根據日本國內法律，其他國家可能有不同定義）

	意義	適用範圍
可殺死細菌或病毒		
殺菌	可殺死細菌或病毒 （殺滅數量不一定）	僅限醫藥品、醫藥部外品
滅菌	可殺死所有細菌或病毒	僅限醫藥品、醫藥部外品
消毒	可殺死並減少細菌或病毒 （可減弱活動）	僅限醫藥品、醫藥部外品
不殺死細菌或病毒		
抗菌	可抑制細菌繁殖	雜貨品等各種商品
除菌	可去除細菌或病毒 （去除數量不一定）	雜貨品等各種商品

經過特別加工，使細菌不易在上面繁殖的產品。所以，抗菌保鮮盒指的是細菌不容易在上面繁殖的保鮮盒，並不能保證放在裡面的食物完全沒有細菌。

可用來製作抗菌劑的金屬

抗菌產品中，有幾種金屬可用來製作抗菌劑。例如銀、銅、鈦等金屬，已知具有殺菌作用。像是銀離子，只需在水中混入一點點，就能產生殺菌的效果。銀離子會附著在細菌上，阻礙細菌分泌酵素，達成殺死細菌的效果。

另外，二氧化鈦也能藉「光觸媒反應」達成殺菌的效果。光觸媒是一種能吸收光線來促進化學反應的物質。鍍了二氧化鈦的材質表面，只要照射到陽光或日光燈，就會發生強力的氧化反應，分解位於表面的細菌和有機化合物等有害物質。

以抗菌為目的產品，大多都內含或在表面塗有此類金屬成分。

有抗菌效果的產品都有保證標識

抗菌劑中，還有一種與我們非常貼近的成分。那就是茶葉中所

抗菌劑加工過的纖維

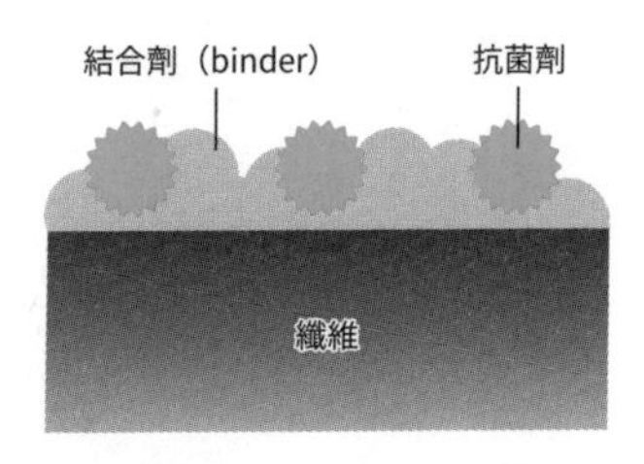

對纖維進行抗菌加工時，會將抗菌劑揉入纖維中。此外，有機類的抗菌機，則是先在纖維鍍上結合劑（binder）後，再把抗菌劑固定在上面。

二氧化鈦的抗菌作用

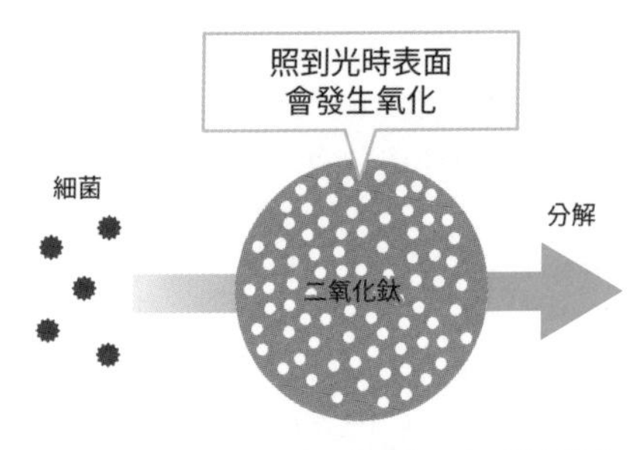

光觸媒的二氧化鈦一旦照射到光，表面就會發生氧化反應。這個力量可以分解細菌和有機化合物。

含的兒茶素。兒茶素是多酚的一種，已證實是澀味和苦味的主成分。且兒茶素對會造成食物中毒的金黃葡萄球菌具有抗菌效果，可預防食物中毒。

而將有機的抗菌劑加工成纖維時，則是先結合劑（binder）鍍在材質上，再把抗菌劑固定在上面。由於整個材質都帶有抗菌劑，所以在短時間內就能看到抗菌效果。

此外，市面上的抗菌產品中，也有一些抗菌效果不佳的黑心製品。因此，業界團體已針對纖維製品推出可保證抗菌效果的「SEK」認證標識，對纖維以外的製品則有「SIAA」標識。

第3章
交通工具、
戶外的科學

為什麼巨無霸飛機能在天上飛？

這次旅行是我第一次搭飛機呢。不過，沒想到那麼巨大笨重的東西能在天上飛！一想到這點就讓人有點不安呢。

害怕坐飛機的人都有同樣的擔憂呢。所謂的飛機呀，是靠名為升力的力量飛上天空的喔。

嘿~~，原來是因為升力啊。如果知道其中原理的話，以後搭飛機就安心多了！

飛機是被「升力」推上天的

巨無霸客機起飛時，實際的重量約有350噸重。這麼重的一塊金屬，究竟是怎麼浮在天空中的呢？其中的秘密就在於飛機的巨大翅膀，也就是「主機翼」的形狀上。

主機翼的截面，上半側圓潤凸起，而下半側則十分平坦，形狀就像日本人吃的魚板。當強風吹過這個形狀的機翼時，空氣會被切成上下兩條；此時由於上半側的形狀較圓，所以空氣從上面經過的路徑較長，而下半部形狀較平，所以通過的路徑較短。被分成上下兩半的空氣想同時在機翼尾部會合，上面的空氣就得跑得比下面更快。因此，通過主機翼上方的空氣，流速會比通過機翼下方的空氣更快。

飛機是靠「升力」的向上力浮空的

①機翼上方的空氣流速變快

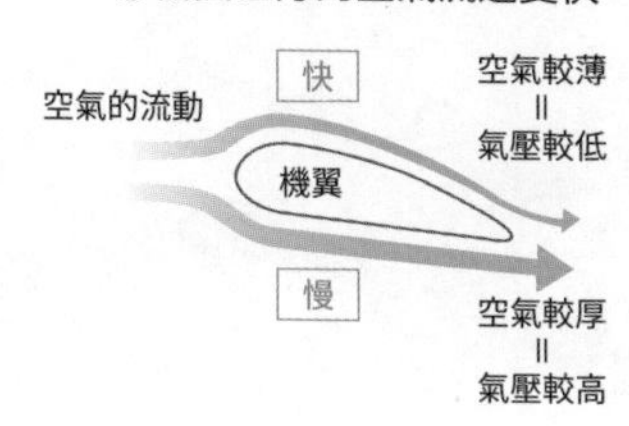

②朝氣壓較低的方向產生推力

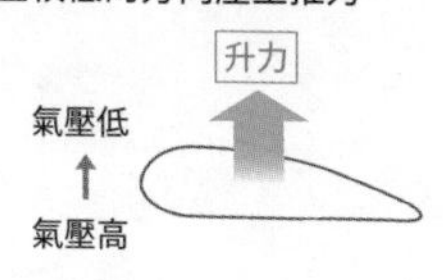

空氣流速較快的機翼上方，氣壓較低。相反地流速較慢的機翼下方氣壓較高。這時，氣壓高的那方會朝氣壓低的那方產生推力。這就是「升力」。

而當空氣流動的速度愈快，「氣壓」就會愈低。氣壓是空氣的壓力，也就是空氣推擠物體的力量。主翼上方的氣壓較低，代表從下往上推的力量比從上往下推的力量更強，因此機翼會往上飄。這個力量就稱為「升力」。因為升力的存在，飛機才能浮在天空中。

高速移動會產生巨大的升力

空氣的流速愈快，升力就愈大。飛機在高空的航速約為每小時800公里，此時主翼以極高速切過空氣，所以升力也非常巨大。起飛時飛機能以240～300公里的時速在地面滑行，也是因為空氣以高速流過主翼的緣故。

升力的大小，會因機翼的面積和形狀而有所不同。起飛和降落時由於速度較低，升力較小，所以主機翼會伸出名為「襟翼」的隱藏機翼，增加主翼的面積，彌補不足的升力。另外，由於襟翼會微微向上傾斜，將來自前方

升力可以用紙實驗

拿一張A4大小的紙，試著對紙面吹氣。你會發現紙張往上飄，這也是升力導致的現象。

無人機靠升力差控制方向

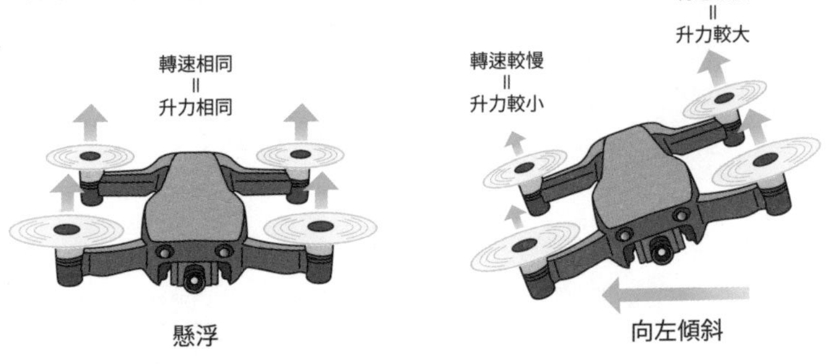

當四個螺旋槳的轉速相同，升力也都一樣，機體會靜止在空中。若左右其中一邊的轉速改變，就會產生升力差，使無人機朝升力較低的方向傾斜移動。前進、後退也是相同的原理。

的風倒向下方，所以還會產生「反作用力」的向上力。因為有這兩股力的結合，機體才不會掉下來。

直升機和無人機利用螺旋槳製造升力

直升機和無人機也是利用升力飛在天空的。但它們不是利用巨大的機翼迎風飛行，而是藉由高速旋轉的螺旋槳製造升力。只要讓螺旋槳微微傾斜，並高速旋轉，就能產生往下的強風，製造升力。

而擁有四個螺旋槳的無人機，就連機體的控制也是靠升力。譬如當右邊的兩個螺旋槳轉得比較快時，左右的升力就會出現落差，將機體的右側往上抬。這時無人機就會往左傾，使之往左移動。

為什麼像鐵塊一樣笨重的遊輪能浮在水上？

我終於去報名了一直夢寐以求的遊輪旅行了。遊輪上有餐廳和商店，甚至還有體育館和游泳池呢。真期待啊——。

遊輪的話我也看過喔。簡直就像一座浮在海上的飯店呢！那麼笨重的船，居然也能浮在水上呢。

你知道把東西放入水裡，會產生一股把東西往上推的力量嗎？這就叫做浮力，船隻就是利用這股力浮起來的喔。

物體泡在水裡會被往上推

把硬幣丟入水裡會下沉，但用鐵塊做成的巨大遊輪卻能浮在海上，不覺得很神奇嗎？遊輪的重量超過5萬噸，而運載石油的油輪更有300公尺長，重量隨便就超過10萬噸。

鐵船之所以能浮起來，跟「浮力」分不開關係。大家在泡澡或游泳的時候，應該也都體驗過那種身體好像變輕的感覺吧。這是因為當物體下水時，水裡會產生一股把物體往上推的向上力。這就叫浮力。

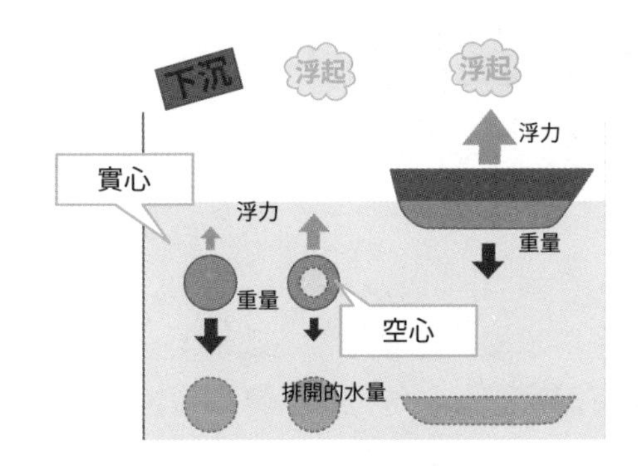

一樣是鐵，不同大小和形狀，浮力也不同

鐵球（鐵塊）的重量比自己排開的水的重量（浮力）更大，所以會下沉。但若把鐵球的中間挖空，鐵球會變得輕，但浮力卻沒有改變，所以浮力會變得大於重量，使鐵球上浮。而把同一個鐵球換成船的形狀，船體的重量比船排開的總水量更輕，浮力較大，所以船會浮起來。

浮力的大小取決於排開水重

那麼，浮力究竟有多大呢？浮力的大小，與物體排開的水的重量相等。光是這麼說，可能還有點難以理解吧。所以接下來，請你把水想像成一團固體。假如這團水的體積跟丟進水裡的物體大小完全相同，那麼浮力的大小，就取決於這個物體究竟比水輕或比水重。若物體比同體積的水更輕就會浮起來，比水重就會沉下去。

舉個例子，假設把兩個相同大小的鐵球分別沉入水中，那麼這兩顆球排出的水量也會完全相同。換言之，兩顆球受到的浮力是一樣的。然而，若兩顆鐵球一顆是實心的，另一顆是空心的。此時實心的鐵球比自己排開的水更重，代表水的浮力小於鐵球的重量，所以會沉下去。另一方面，空心鐵球比自己排開的水更輕，代表水的浮力大於鐵球的重量，所以會浮起來。

而相同的道理，也適用於鋼鐵打造的遊輪。

船藉由大量的空間來獲得浮力

即使是重達幾萬噸，全長數百公尺的遊輪和油輪，也不是全部塞滿的實心鐵塊。載客遊輪中有很多如客房等的鏤空空間，而油輪大部分都是名為水箱的巨大空洞。儘管從外面看來像巨大的鐵塊，

貨船的截面圖

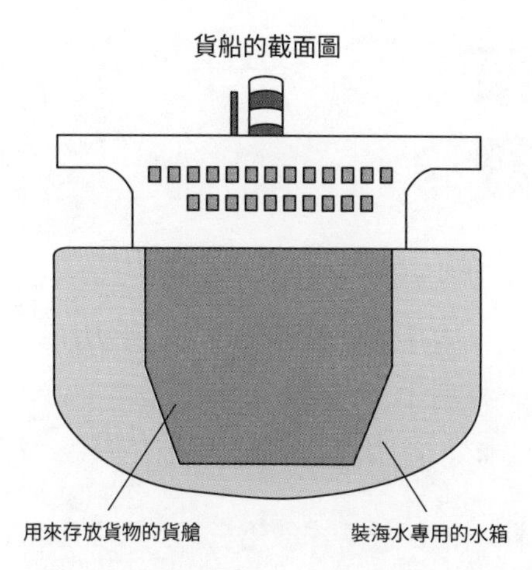

船的下半部存在巨大的空間

貨船等船隻的下半部，設有貨艙和水箱等巨大的空間。這些空間會增加船的體積，因此增加船體所受的浮力。當貨艙內沒有貨物，船體太輕不穩定時，就會把海水灌進專用的水箱當成「壓艙物」，調節船體的重量。

但船的內部其實充滿空間。相較於跟船相同體積、形狀的水團，船的重量反而更輕。因為這些大量的空間，即使載滿乘客或貨物，其總體的重量仍比船體排開的水輕。所以才能浮在海上。

順帶一提，1cc的純水質量是1公克，而海水含有大約3%的鹽分。所以，1cc海水的質量約為1.02公克，比純水更重一些，浮力也是純水的1.02倍。身體在海水中比在游泳池內更容易浮起來，就是因為海水的浮力比水更大。

為什麼磁浮列車能用超高速行駛？

上次我去了品川車站，結果看到那邊正在進行的磁浮列車的工程，嚇了一大跳呢。我還以為那應該還要好一陣子才開工。

你說的是中央新幹線吧。距離正式啟用已經剩不到10年了喔。如果成功開通的話，以後從品川到名古屋預計只要40分鐘就能到達呢。

現有新幹線只要繼續進化，應該也能到達同樣的速度吧？

只要還是傳統軌道，恐怕很難跑得跟磁浮列車一樣快。這種高速只有利用磁力懸浮的磁浮列車才能實現喔。

速度超越新幹線的磁浮列車

現在，從東京到大阪最快大約需時2個半小時的日本新幹線，已經歷了長達50年以上的進化，速度不斷提升；目前時速最高的東北新幹線「隼號」，時速可達320公里。然而，新幹線終究是靠車輪跟鐵軌之間的摩擦力前進的。一旦超越了某個速度，車輪就會發生打滑的現象，很難繼續提升速度。

現在，新幹線在實驗環境中有紀錄的最高時速大約是500公里。然而，磁浮列車的紀錄卻遠遠超過前者，已創下每小時600公里的速度。就連正常運行速度也已朝著時速500公里的目標在研發，全線開通後，預計東京～大阪來回只要67分鐘。而這種超越新幹線的高速，不是用車輪，而是靠磁力讓車體懸浮實現的。

可產生強大磁力的超導磁鐵

磁浮列車的車體，裝有一排N極與S極交互排列的磁鐵。同時，U型的軌道上也裝有磁鐵，可在N極和S極之間輪流切換。

一如大家在學校學過的，磁鐵有分S極和N極，而相同的磁性會互相排斥，不同的磁性則會互相吸引。磁浮列車的車體，就是利用N極與S極相吸的力量，以及N極對N極、S極對S極的相斥力懸浮並前進的。譬如同極相斥的力量可以推動車體前進，而異極相吸的力量可用於抬起車體。

話雖如此，我們一般所知的磁鐵，具有會持續放出磁力、無法自由控制的缺點。另外，一旦遇到高熱，磁鐵的磁力就會減弱。因此，磁浮列車使用的是「電磁鐵」。所謂的電磁鐵，就是用金屬線纏成的線圈通電時形成的磁鐵，故可以藉由控制電流大小輕鬆操縱磁力的收放。而且電流愈大，金屬線圈的纏繞次數愈多，電磁鐵的磁力就愈強，可以創造出磁力遠遠超過天然磁鐵的強力磁鐵。

不過，若持續通以強力電流，線圈就會發熱，使磁力的能量變成廢熱逃散。因此，磁浮列車所使用的，是一種即使半永久通以強力電流線圈也不會發熱，名為「超導磁鐵」的特殊磁石。

懸浮、導引線圈的原理

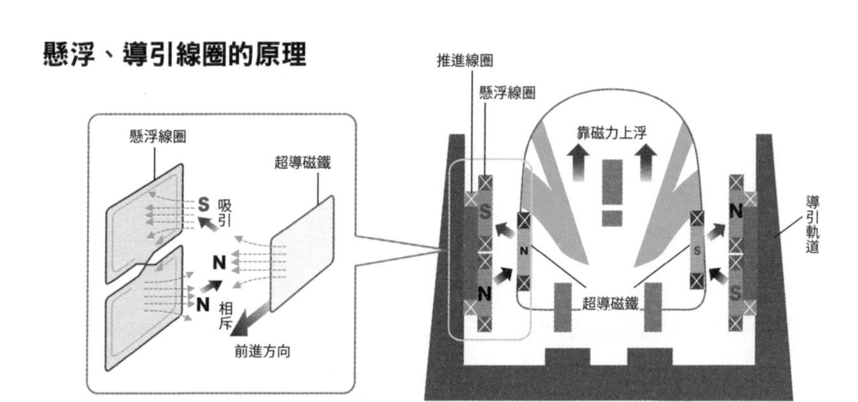

懸浮線圈的形狀是中央交叉的8字形。上下兩排的磁鐵極性相反，上面會吸引車體而下面會排斥車體，有兩種力在作用。藉由這兩股力，車體便可穩定保持在固定的位置。

高速切換吸力和斥力

磁浮列車行駛的導引軌道，裝有兩種不同的超導磁鐵。一種是懸浮、穩定車體的「懸浮導引用線圈」。另一種是負責推進車體的「推進線圈」

懸浮線圈通電時，會與車體側邊的磁鐵相斥，使車體浮起。但只有斥力的話，車體在行駛時會不斷晃動，因此當車體距離軌道太遠時，線圈會切換成吸力，距離太近時又切換成斥力，讓導引線圈可以隨時保持在正中央。磁浮列車就是運用這個設計，讓車體漂浮在離地10公分的高度行進。

接著再對推進線圈通電，軌道上以等間隔設置的磁鐵會變成N極、S極交互排列的狀態。譬如若車體側面某一個磁鐵是N極，就會與推進線圈的N極相斥，往前推出；然後又被下一個S極的磁鐵吸引，繼續拉向前方。然後只要在車體每前進一個磁鐵的距離時迅速交換N極和S極，車體便會持續往前移動。以極高速度重複此過程，

推進線圈的原理

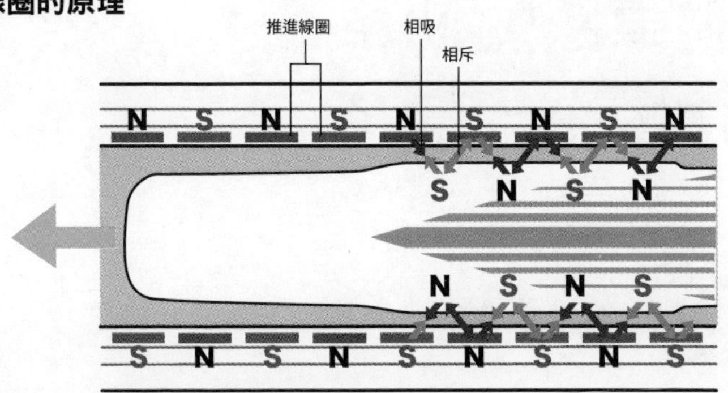

N極和S極交互排列的推進線圈，同時有後方的推力和前方的拉力在作用。線圈的極性會配合車體通過的時間高速切換。

便可讓磁浮列車以超過時速600公里的超高速前進。

沒想到支撐著號稱未來交通工具的磁浮列車的，竟然是我們生活中隨處可見的小小磁鐵。

電動車跟燃油車有什麼不一樣？

老師在看汽車型錄……你要換車嗎？

是啊。我想差不多該換部電動車或油電混合車了。

電動車？油電混合車？它們跟靠汽油行駛的普通汽車有什麼不同嗎？

電動車是靠電池驅動的喔。是用電力轉動馬達來行駛的。而油電混合車則是結合汽車和電動車的特徵設計的車。

汽車靠引擎前進

在遙控車和迷你四驅車的世界，很早就有靠馬達運轉來往前跑的車。而近年真正可載人的電動車也終於實用化，可以在馬路上看到。

電動車跟汽車的最大差異在於動力。汽車是讓汽油燃料在引擎內持續地爆炸，利用這股力量轉動輪胎的。加一次油就能行駛很長的距離，即使汽油用完了，只要重新補充便可繼續上路，所以很適合行駛在高速公路等長距離的路段上。但相對地，汽車也有會排放廢氣、能源的利用效率差、以及構成零件多等缺點。

另一方面，電動車是靠電池轉動馬達來前進。具有不會排放廢氣、加速很快、零件少、容易控制等許多優點，而且馬力也不輸汽油車。不過，在2019年的目前，仍存在一次充電能行駛的距離較短的缺點。

電動車靠馬達的轉動來前進

雖然傳統汽車和電動車各有優缺點，但目前普遍認為將來會是電動車的時代。那麼電動車的運作原理究竟是什麼呢？

電動車的構造很簡單，如果壓縮成最簡化的設計，那麼只需要動力來源的電池、驅動車體的馬達、控制電力的動力控制元件這三個零件就可以做出來了。其中最關鍵的零件是馬達。

馬達是一種用可以持續放出磁力的「永久磁鐵」和線圈組成的東西（見P.78的圖）。當電刷碰到整流器時，電流就會通過線圈，在永久磁鐵間產生由N極往S極方向的磁場。磁場和電流之間存在許多特別的關係，而其中之一，就是當電流通過磁場時，便會產生動力。此時，最重要的一點就是「力量朝哪個方向作用」，而這點又取決於磁場和電流的方向。

不知道你有沒有聽過「弗萊明左手定則」呢？這個定則告訴我們，舉起左手的拇指和食指、中指，讓這三根手指兩兩互相垂直時，拇指為作用力的方向，而食指等於磁場方向，中指等於電流方向。試著參考上面的插圖，自己用手指對照看看磁場和電流的方向。但因為左側和右側的線圈，電流的方向是相反的，所以判斷左側線圈的方向時拇指要朝上，看右側時要朝下。換言之，當電流通

用磁場和電流產生旋轉力的馬達

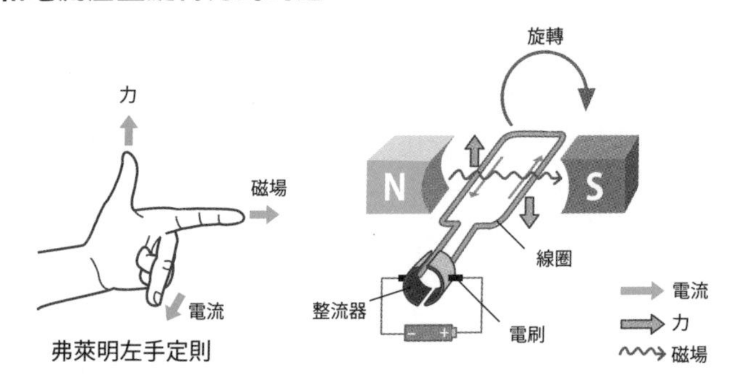

當電流通過磁場中的線圈，基於弗萊明左手定則，會產生特定方向的力，使圖中的線圈順時針旋轉。整流器是位於線圈前端，類似一個小筒被切成兩半的金屬零件。裝上這個零件後，線圈每轉半圈，通過線圈的正負電極就會交換一次。如此一來便可確保作用力的方向維持一定，使線圈朝相同方向持續旋轉。

過線圈時，左側線圈會產生向上的力，右側會產生向下的力。這股力量會推動線圈順時針轉動。

插圖中的裝置可配合線圈的轉動，改變電流的方向。因此只要電流沒有中斷，左側就會持續產生向上的力，右側則會產生向下的力，讓線圈一直轉下去。而把轉速提升後，就是電動車的馬達了。

同時搭載引擎和馬達的油電混合車

電動車克服了汽車的許多缺點，且未來的進化令人期待。然而，目前電動車仍有一次充電無法行駛太長距離的缺點，而且還存在電池容量愈大，重量也跟著愈重的物理之壁。

因此，現在除了電動車外，油電混合車也相當普及。這是一種同時搭載引擎和馬達，可靠兩種動力來行駛的自動車。油電混合車在加速和短距離移動時用馬達前進，長距離行駛時則切換到引擎，兼融了兩種車的優點。

汽油車、電動車、油電混合車的差異

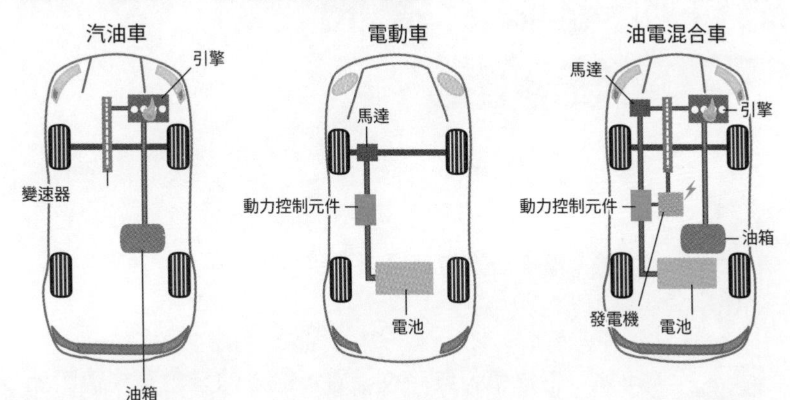

汽油車的動力源自引擎。依靠燃燒汽油時的爆炸力行駛。一輛汽油車平均約由3萬個零件組成。

動力源自馬達。車上裝載有可充電的大容量電池，行駛時以電力為能量來源。一輛電動車平均約由1萬個零件組成，比汽油車少很多。

依靠引擎和馬達提供動力。又可細分為以引擎為主動力的「並聯式」，以及以馬達為主動力的「串聯式」，還有引擎和馬達分開使用的「混聯式」三種。

油電混合車和電動車都被稱為「環保車種」。因為這兩種車排放的二氧化碳較少，對環境有益，因此環保也是電動車和油電混合車的優點之一。

為什麼電車急煞時身體會往前倒？

危險！電車行進時不可以亂跳喔。

可是，在電車行駛時往上跳，窗外的景色會往後面流過。感覺就好像自己一口氣跳了好幾百公尺一樣，很有趣嘛。

哦，你發現了一件很重要的事呢。你剛才體驗到的其實是「慣性」喔。這是一種只要速度不變，運動中的物體就會永遠動下去，而靜止的物體會永遠保持靜止的性質喔。

沒有外力作用的話，物體會永遠以相同速度運動

不論是在家中還是在新幹線上，當我們往上跳躍時，總是能在同一個地方落地。正常情況下，絕對不會發生在客廳往上跳卻在廚房落地，在新幹線1號車廂往上跳卻在4號車廂落地的情形。

那麼，如果是盯著新幹線的車窗外，一邊往上跳的話，又會發生什麼事呢。你會看到車窗外的道路和建築物，在跳起來的瞬間一口氣往後飛逝。很可能跳起來的當下，外面明明還是一片森林，但落地的時候卻已經進入隧道中。這種時候，我們還可以說是在「同一個地方」落地嗎？

要解釋這個現象，必須用到「慣性定律」。這個定律簡單來

新幹線的移動和慣性定律

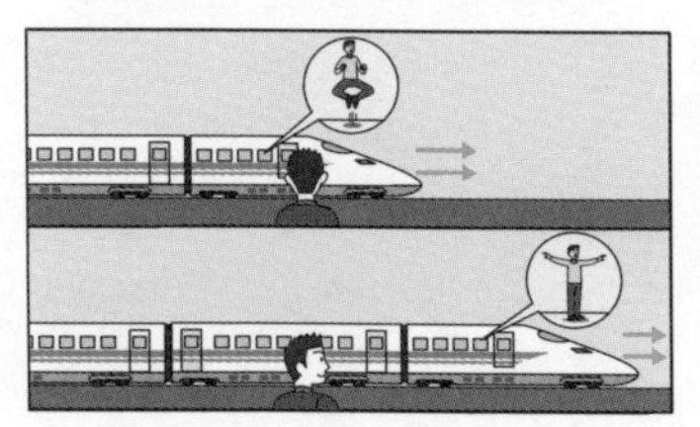

有慣性
新幹線1號車廂內的乘客往上跳，落地時仍在1號車廂。然而，在盯著窗外的人們看來，感覺就好像往前跳了一大段距離。這是因為跳躍中的人，實際上是以跟新幹線相同的速度在移動。

無慣性
要是沒有慣性的話，將只有身體留在原地。 另一方面，由於新幹線仍以超高速在前進， 所以人會撞到車廂後的牆上。

說，就是「以等速運動的物體將永遠以相同速度運動，靜止不動的物體將永遠靜止不動」的物理法則。可是按照這定律，就會得出「投出去的棒球會一直往前飛到外太空」的奇怪結論。其實，慣性定律還有一條「若沒有外力作用」的但書。而地球上的物體由於隨時都受到重力和空氣阻力等各種外力的干擾，所以最後都會停止運動。然而，如果是在沒有外力干擾的太空中，棒球將會永遠不停地往前飛。

在電車上往前倒也是因為慣性

新幹線行駛時，乘客的身體也跟新幹線用同樣速度在前進。此時就算直直往上跳，根據慣性定律，身體的移動速度也不會減少，仍會持續以跟新幹線相同的速度前進。如果我們往上跳時，身體會停止前進的話，那麼你會發現只有自己的身體仍留在原地，而整輛車都已往前跑了一大段距離。所以我們在1號車廂往上跳，仍會在1號車廂落地，都是因為慣性的緣故。

如果換用更貼近日常生活的經驗來舉例，當電車緊急煞車時，我們的身體會往前跌，也是因為慣性的影響。當電車緊急煞車，變

丟球時的各種作用力

丟球時也會受到慣性影響，原本丟出去的球應該會一直往前飛。但是，我們身邊的物體還會受到重力（來自地球的引力）和空氣阻力（撞到空氣時所受的反作用力）的影響。所以球最後會停下來。

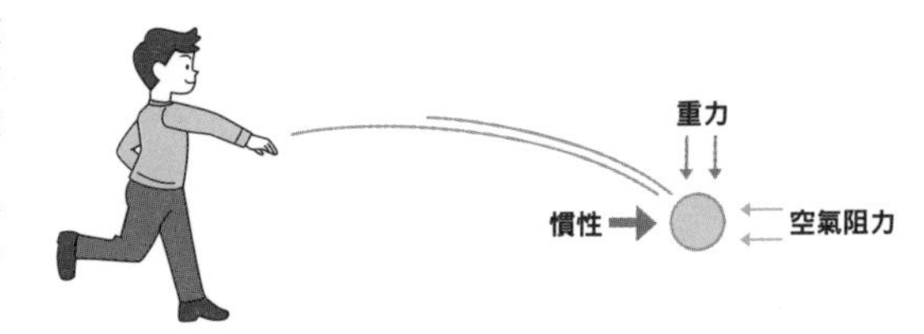

成靜止的狀態時，乘客的身體依然保持往前進的狀態，變成只有我們身體在往前跑。相反地，當電車瞬間加速時，我們之所以感覺身體被人往後拉，也是因為電車往前走的瞬間，我們的身體仍保持在停止的狀態。

慣性是存在全宇宙的物理法則

想想看，為什麼在滑板上跳躍，重新落在滑板上的技巧會這麼困難？其原因之一，在於滑板跟屬於密閉空間的新幹線不一樣，身體會受到空氣阻力。雖然在滑板上跳起來時，我們的身體和滑板都因為慣性而持續前進，但兩者所受的空氣阻力卻不一樣大。空氣阻力較小的滑板會繼續往前跑，但空氣阻力大的身體卻會減速。因此，我們的身體會落後滑板的位置，所以著地才會那麼困難。

儘管我們平常很少注意到，但慣性定律其實無所不在。譬如，地球因為會自轉和公轉，所以生活在上面的我們，也都無時無刻以跟地球相同的速度在移動著。如果沒有慣性的話，當我們跳起來時，地球就會從我們的腳下自己跑掉，造成嚴重的災難。所以我們能正常地在地球上生活，也都是慣性的功勞。

為什麼智慧卡（智能卡）刷一下就能用？

最近不論搭電車，還是在便利商店買東西，都只要一張Suica就能結帳，真的很方便呢。幾乎都不需要帶現金出門了。

我的交通卡也是智慧卡喔。可是，為什麼只要把卡片放上去就能讀得到呢？

別看智慧卡薄薄一片，裡面其實塞了晶片和線圈，可以從讀卡機上獲得電力喔。

裝有晶片和線圈的智慧卡

JR東日本的「Suica（西瓜卡）」、JR西日本的「ICOCA」、首都圈私鐵・捷運的「PASMO」等等的非接觸式智慧卡，以交通機關為中心，近十年來可說愈來愈普及。只要把卡片放在手機殼或包包裡，不需要把卡拿出來，直接在感應器前嗶一下，就能通過剪票口。另外，在卡片裡面儲值日幣後，便可在超商或自動販賣機買東西，不需要用到現金。

這種卡片裡面，裝有可記錄交易資料的晶片和天線線圈。將卡片靠近剪票機時，卡片內的線圈會感應由讀卡機發出的磁力線，將其轉換成電力。然後這個電力會啟動晶片，與讀卡機交換資料。

非接觸式智慧卡的內部

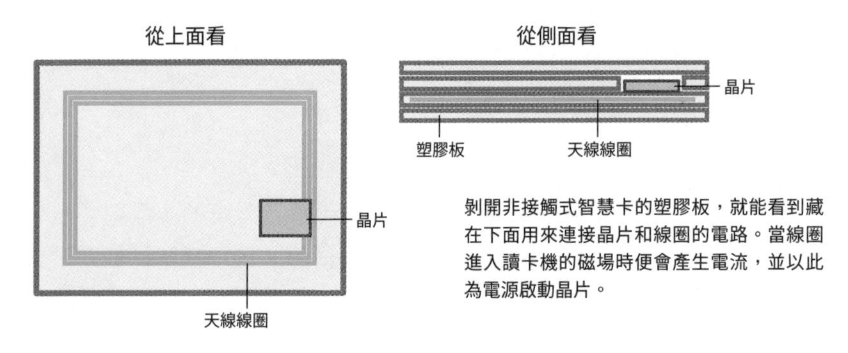

剝開非接觸式智慧卡的塑膠板，就能看到藏在下面用來連接晶片和線圈的電路。當線圈進入讀卡機的磁場時便會產生電流，並以此為電源啟動晶片。

利用「電磁感應」交換資料

電與磁之間存在著不可思議的關係，當線圈通電時，就會發出肉眼看不見的磁力線。相反地，當磁力線通過線圈時，便會在線圈上產生電流。這種現象叫做「電磁感應」。非接觸式智慧卡利用的，正是電磁感應的原理。

前面我們說過智慧卡內裝有晶片和線圈。而非接觸式智慧卡的讀卡機，則會持續釋放磁場。當我們把卡片刷讀卡機時，卡片內的線圈感應到讀卡機發出的磁力線，就會產生電流。然後，通電的晶片會把儲存的資料轉換成電子訊號，放出磁力線與讀卡機交換資料。

換言之，智慧卡內的線圈，同時具有天線和電源兩種功能。這也是為什麼非接觸式智慧卡不需要電池也能使用。

若把兩張智慧卡疊在一起……

非接觸式智慧卡，依靠對磁場的有效感應範圍，可分為密接型、近接型、近場型、遠距型等4種，感應距離在2mm以內為密接

利用電磁感應交換資料的原理

智慧卡的線圈捕捉到讀卡機放出的磁力線後，會產生感應電流。電流通過後晶片會啟動，再從線圈放出不同的磁力線。把資料藏在這個磁力線中，智慧卡便可跟讀卡機交換資料。整個過程只需0.1秒。

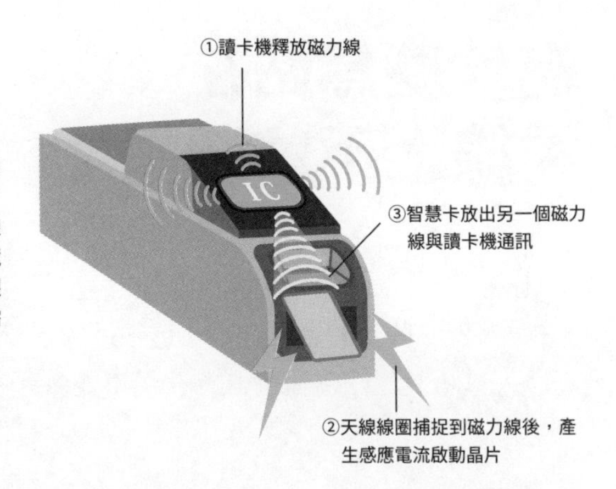

型，10公分內的屬於近接型，70公分內屬於近場型，70公分以上的屬於遠距型。而交通類智慧卡屬於近接型，感應距離只有10公分左右。

若錢包和手機殼內放了好幾張智慧卡，剪票機可能會發生錯誤，無法通過。這是因為卡片的磁場互相干擾，無法產生足夠的電力。所以以後在日本除非是新幹線轉在來線，否則不要把兩張不同的非接觸式智慧卡疊在一起拿去感應喔。

順帶一提，這裡介紹的電磁感應原理，也被應用在電磁爐和智慧型手機的無線充電等各式各樣的現代家電上。所以只要了解這個原理，便可解開我們身邊很多的謎團。請一定要記住。

為什麼鳥站在電線上不會觸電？

昨天的風很強呢。這附近的電線都被吹斷，垂到地面了。那裡很危險，千萬不要靠近喔。

咦!? 可是，麻雀和烏鴉平常站在電線上不都好好的嗎。為什麼人去碰就有危險呢？

因為鳥的雙腳只踩在一條電線上，所以不會觸電。如果同時碰到兩條電線的話，就算是鳥類也會觸電喔。

一條電線不會觸電

從發電廠產生的電，會透過電線送到全國的家中。電流通過時的「勢」稱為電壓，單位用伏特表示。發電廠生產的電，會以最高達50萬伏特的超高電壓送出，然後通過數個變電所慢慢降低電壓。最後在送入住家前，用電線杆上的變壓器降低到100至200伏特。

雖然電的危險性不能只看電壓，但即使是家用的100伏特，一旦觸電也會對人體造成重大傷害，甚至危及性命。然而，停在電線上的小鳥卻不會觸電。這是為什麼呢？簡單來說，這是因為小鳥只站在一條電線上。觸電的意思，就是電流通過身體，但只要小鳥的身體沒有同時碰到其他物體，就不會形成能讓電流通過的電路。既然

電流會從較容易通過的那條路通過

電具有選擇從較易通過的路徑流過的性質。鳥的身體和電線相比，電線的電阻要小得多，所以電流會通過較容易通過的電線。

電流不易通過的路線

電流容易通過的路線

沒有電路能讓電流通過，小鳥自然也不會觸電。

電會挑選要走的電路

小鳥停在電線上不會觸電的原因，需要從電的兩種性質來解釋。

第一，是電只會通過電阻較低的那條路的性質。跟精心設計成把能量損失降至最低的電線相比，含有脂肪等電流不易通過的物質的小鳥身體，若只有這兩條路能選的時候，不用說一定是電線的電阻比較低。所以，電流不會通過小鳥的身體，而會直接通過電線。

第二，電流一定是從電壓高的地方流向電壓低的那方。就跟水只會從高處往低處流，而如果沒有高低差的話就哪裡都不會去。電也是一樣的。請回想一下小鳥站在電線上的模樣。小鳥的雙腳總是站在同一條電線上。站在同一條電線上時，鳥的左腳和右腳的電壓幾乎相等。換言之，因為沒有電壓差，所以電流不會通過，小鳥也不會觸電。

身體一旦構成通路就會觸電

那麼，為什麼人碰到電線就會觸電呢？這是因為我們的腳踩在

碰到電線使電流通過的例子

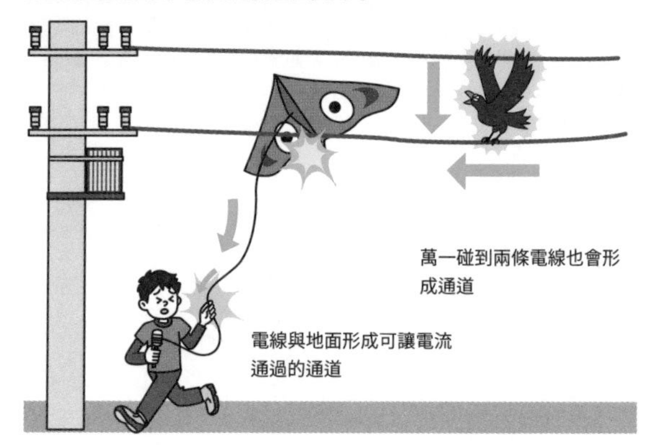

一旦形成可讓電流通過的通道，電就會通過。還有，電會從電壓高的那方流向電壓低的那方。兩條電線之間，以及電線與地面之間都存在電壓差異，而電壓差會使電流通過。

地上。

舉個例子，假設有個人的風箏被電線纏住，於是想用棍子去撥下來。此時，電線一路通過棒子再到地面，形成了一條可以讓電流通過的通道。而且電線和地面之間有電壓的落差。所以，電流會順著電線流到地面，使成為通路的人體觸電。

就算是鳥，如果翅膀不小心碰到其他電線，也同樣大事不妙。因為身體碰到的兩處有電壓落差，所以鳥的身體會形成可供電流通過的通道。這時鳥也會跟人一樣觸電。

暖暖包（暖包）是怎麼發熱的？

啊～，好冷。這種天氣總是讓人放不開暖暖包呢。不但又熱又暖，這種捏起來沙沙鬆鬆的觸感更是讓人愛不釋手。

你知道暖暖包裡都裝了什麼？那種沙沙觸感的真面目其實是鐵粉喔。除此之外，暖暖包裡還裝了很多的「科學」呢。

嘿～～，那裡面到底有什麼呢？明明不用火也不用電，竟然還能這麼溫暖，我從以前就覺得很不可思議了！

暖暖包中的黑色粉末其實是鐵

回顧日本懷爐的演進史，從最早的加熱石頭後用布包起來的「溫石」，到在金屬容器內燒炭的「灰式懷爐」等，曾出現過各式各樣的型態。或許連放在棉被內保暖的「湯婆」也能算是懷爐的一種。

然而，以前的懷爐往往需要事先加熱或燒火，準備起來十分麻煩。因此當可即用即丟的暖暖包登場後，一下子便在全國普及。暖暖包只需要搓揉一下就會發熱，而且不論何時何地都能使用。不僅如此，熱度還能維持長達半天，已是現代人在冷天外出時不可或缺的道具。

鐵氧化時會發熱

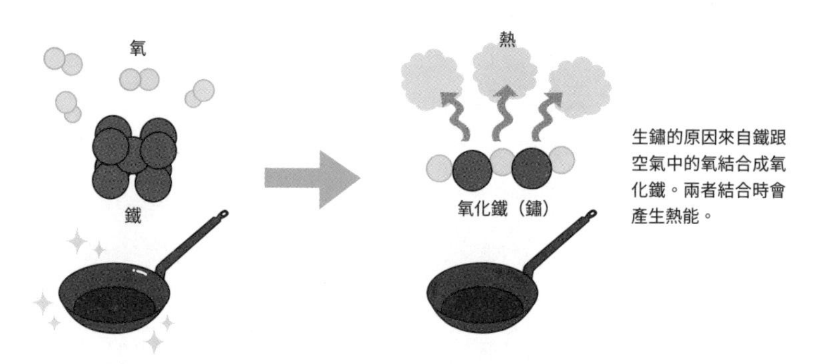

生鏽的原因來自鐵跟空氣中的氧結合成氧化鐵。兩者結合時會產生熱能。

如此方便的暖暖包，相信一定有不少人都曾好奇過裡面究竟裝了什麼，把它剪開來看過吧。剪開包裝，裡面出現的是黑色的粉末。與在玩沙場玩磁鐵時會黏在磁鐵上的鐵砂相似的外觀，以及類似平底鍋的金屬臭味，相信很多人早就已經察覺這黑粉的真面目正是鐵。而暖暖包的熱就是這些鐵粉放出的。

鐵在生鏽時會釋放熱能

鐵經過一段時間就會生鏽。這在化學上稱為氧化。也就是空氣中氧與鐵結合，變成另一種名為「氧化鐵」的物質的現象。只要在空氣中，鐵就會持續進行氧化反應，並在氧化時發熱。然而，自然發生的氧化現象非常緩慢，所以只會放出非常微量的熱能，因此我們就算觸摸身邊的鐵製品，也不會感覺到「熱」。

而暖暖包的溫度，正是利用氧化反應的熱。只要以人為方式加快氧化反應的速度，便可釋放出大量的熱。

暖暖包的成分和功用

成分名稱	功用
鐵粉	暖暖包的主成分。負責與氧反應產生熱量。磨成粉狀是為了增加表面積，加速氧化反應。
水	促進鐵的氧化。
鹽類	促進鐵的氧化。
活性碳	在發熱後，有保溫的效果，並有助於氧和鐵的結合。
蛭石	用來含水的保水材料。是一種吸水性很強的人工土壤。常用於農業和園藝。

利用水、鹽類、活性碳促進氧化反應

暖暖包裡除了鐵粉外，還混入了水、鹽類、活性碳、蛭石等成分。而這些成分幾乎都有加速氧化反應的功能。

水和鹽具有促進氧化的作用。就跟金屬泡過海水後很快就會生鏽是相同的原理。而活性碳可以在鐵粉發熱後發揮保溫的效果。除此之外，碳也有催化氧氣和鐵結合的功效。

說明到這裡，你是不是覺得有哪裡怪怪的呢？沒錯，你一定在納悶「暖暖包裡有裝水嗎？」對吧。不過，暖暖包裡真的有含水，只不過是被含在一種俗稱蛭石的人工用土內。這種人工土常常被用在園藝，具有非常好的吸水性，所以可以吸水後直接放在暖暖包內，讓暖暖包不需要特別去沾水。

除了上述之外，暖暖包的包裝布還利用了容易透氣的結構，運用了非常多的科學原理。這樣的科學結晶，居然用完就把它丟掉，不覺得有點可惜嗎？

煙火和其他顏色的火是怎麼產生的？

今天是煙火大會呢。你要去看嗎？

嗯！我最喜歡色彩繽紛又漂亮的煙火了。說起來，為什麼篝火和瓦斯爐的火就沒那麼漂亮呢？

五顏六色的火，其實是運用了一種名為焰色反應的現象喔。只要燃燒金屬，就能產生各種顏色的火焰。

金屬燃燒時的火焰顏色各不相同

煙火是為日本夏天最富色彩的季節風情。有紅有黃、有紫有綠，色彩繽紛，跟我們平常看到的瓦斯爐的藍色火焰，以及營火的橘黃色火焰完全不同。這是因為煙火中添加了可以引發焰色反應的金屬。

所謂的焰色反應，是一種燃燒特定金屬時，火焰顏色會發生改變的現象。次頁的表格整理了可引發焰色反應的金屬。其中雖然有很多陌生的名字，但也有食鹽（氯化鈉）成分之一的鈉金屬等，與我們的生活十分接近的物質。有些人可能曾經在不小心把味噌湯潑到瓦斯爐時，看過瓦斯爐的火焰一瞬間變成黃色的狀態。這是因為味噌湯內富含的鈉元素與火焰起了反應。

讓我們把其中最常在升學考試中出現的幾種物質變成口訣背背看。

你	那	假	瞳孔
鋰（Li） （深）紅色	鈉（Na） 黃色	鉀（K） （紅）紫色	銅（Cu） 藍綠色

該	撕了	唄
鈣（Ca） 橘紅色	鍶（Sr） 紅色（深紅色）	鋇（Ba） 黃綠色

雖然看起來就像毫無意義的咒文，到底有沒有變得比較好背也令人懷疑，但有興趣的話可以試著背背看。

煙火不管從哪個角度看都是相同形狀？

煙火的裡面，塞滿了俗稱「光珠」的裝滿火藥的小球。光珠裡面除了火藥外，還裝了可引發焰色反應的金屬。如果光珠裡裝的是鋰，那麼爆炸後就會發紅光；如果裝的是鉀，爆炸後就會變紫色。

決定顏色後，剩下就是運用光珠的配置，設計出各式各樣的煙火形狀。煙火職人會事先想好要設計什麼樣的煙火，然後計算煙火

可引發焰色反應的物質

元素	顏色
銦	深藍
鉀	紅紫
鈣	橘紅
鍶	深紅
銫	藍紫
鈦	黃綠

元素	顏色
銅	藍綠
鈉	黃
鋇	黃綠
硼	黃綠
鋰	深紅
鉫	深紅

射出時，哪裡應該要是什麼形狀和顏色，再放入光珠。

順帶一提，很多人都有「煙火是不是從每個角度看都一樣？」的疑惑。古時候就已經存在的「大輪花」型煙火，因為射上天空後會以球形擴散，所以每個角度看上去都是一樣的。畢竟球體本來就是每個角度看都是圓形。

不過，最近還近畫出了像是心形、星形、甚至漫畫人物造型等多采多姿的煙火。這種形狀不均等的煙火，不同角度看上去形狀也不一樣喔。

煙火的斷面圖

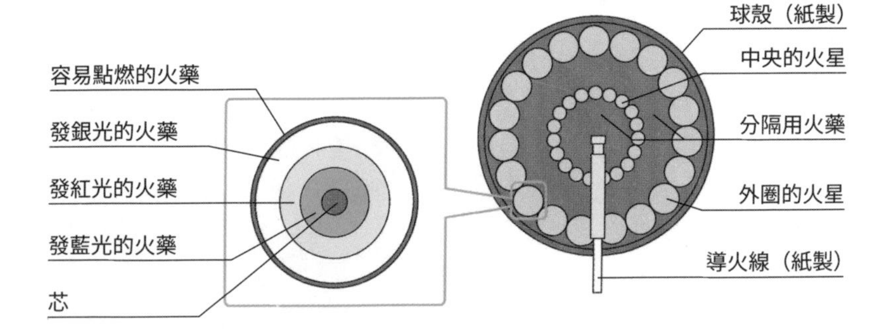

直接打上天空的煙火彈中還塞了許多俗稱「光珠」的小球。光珠內塞有火藥跟可引發焰色反應的金屬。運用光珠的組合和配置，便可設計出各種不同的煙火造型。

第4章
高科技背後的科學

手機是怎麼通話和連線的？

我剛剛在跟一個搬到很遠地方的朋友在講電話。手機真的好厲害喔。居然能把電波送到那麼遠的地方。

你誤會了喔。其實手機的電波只能傳遞幾公里遠。手機送出的電波是經過遍布全國的基地台轉發，才能送到對方那裡的。

原來不是直接連上的啊。既然如此，為什麼我們講電話和上網時，都能馬上得到回應呢？

手機的電波必須經過基地台轉送

不論傳統手機或智慧型手機，都是像收音機和電視機一樣，靠電波傳送聲音。但是，其實我們的手機最多只能把電波送到數公里外的地方。沒辦法把訊號直接傳到國內，甚至不知道位在全世界哪個角落的通信對象身邊。

然而，我們不論處在國內的哪個地方，仍隨時可以打電話給任何人，是因為全國各地都遍布了可以轉送手機電波的「基地台」網絡。所謂的基地台，就是可以接收或發送手機訊號的天線設備，通常裝設在鐵塔或大樓的屋頂，以日本為例，全國共有120萬處。這些密密麻麻的基地台，以有線電纜互相連接，一同組成了巨大的行動

手機連線的原理

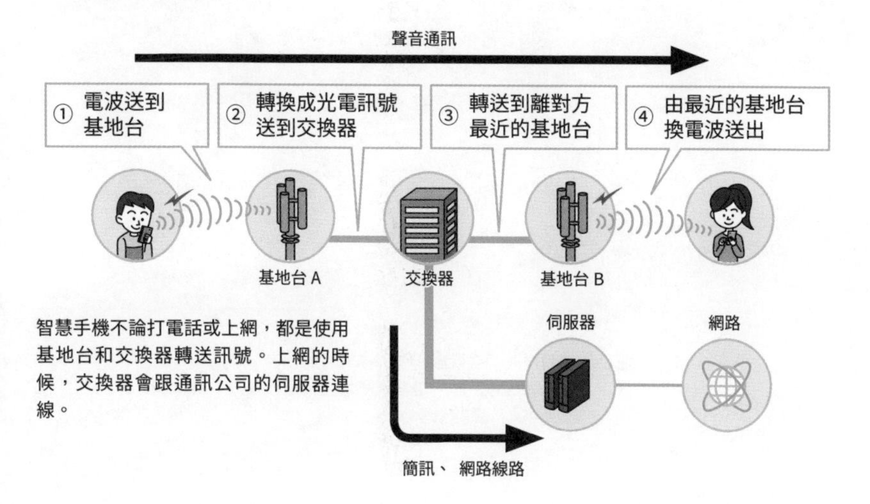

智慧手機不論打電話或上網，都是使用基地台和交換器轉送訊號。上網的時候，交換器會跟通訊公司的伺服器連線。

通訊網路。

從手機發送的電波會先傳到最近的基地台，然後用有線電纜送到離通信對象最近的基地台，再用電波送到對方的手機。換言之，只有離手機最近的基地台是使用電波收送訊號，通訊網內絕大部分的區域都是用有線電纜在通信。

為什麼移動位置也不會斷訊？

下面讓我們稍微具體地看一下，假設A先生和B小姐在講電話，他們通話時的電波是如何傳遞的。首先A先生按下手機的通話鍵，發送呼叫B小姐手機的電波。而負責接收這個訊號的，是離A先生最近的基地台。

基地台收到電波後，會將其轉換成光電訊號，利用光纖電纜送到「交換器」。交換器是負責轉送基地台有線訊號的設備，設置在各個地區。A先生那邊的基地台送出的光訊號，會經過交換器，再送

交遞的運作原理

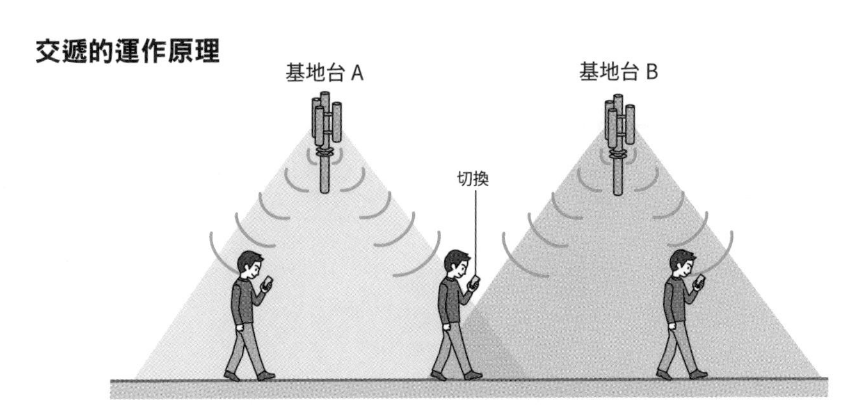

在移動的時候，切換收發訊號的基地台的行為，稱之為「交遞」。由於手機會持續性地檢查基地台的電波強度，所以我們才能流暢地維持通話和連線。

到離B小姐最近的基地台。

而B小姐那邊的基地台，會把這個光訊號變回電波，送到B小姐的手機。如果B小姐的手機有接收到電波，兩人的手機就能連上，開始通話。

但是，有時候我們會邊移動邊講電話。所以，手機必須隨時偵測附近基地台的電波強度，若基地台離開手機的電波收發範圍，訊號變得太弱，就會切換到電波強度更高的其他基地台。這個機制叫做「交遞（handover）」。我們即使在移動中也能不中斷地持續通話，背後其實有很多通訊技術在發揮作用。

值得期待的「5G」使用的也是手機的通訊網路

利用遍布全國的基地台分區轉送訊號手機通訊網，在地圖上看起來就像一格一格的蜂巢，所以中文又叫「蜂巢式網路（Cellular network）」。前面我們雖然是用打電話當例子，但這個蜂巢式網路，也可以用來發送簡訊和用上網。

行動通訊技術的世代

世代		通信速度	特徵
1G	第1代	-	類比訊號，只能傳遞聲音
2G	第2代	2.4～28.8kbps	數位訊號，可傳遞聲音和封包
3G	第3代	384kbps	世界標準的數位通訊
3.5G	第3.5代	最高約14Mbps	傳遞聲音和數位資料
3.9（LTE）	第3.9代	最高約100Mbps	大容量資料傳輸
4G	第4代	100Mbps～1Gbps	比3.9G更快速、且可傳送更多資料
5G	第5代	約10Gbps	超高速、超大容量的資料傳輸、超多多連結、超低延遲

bps是傳輸速度的單位，1bps代表1秒可傳輸1bit的資料。1kbps＝1000bps，1Mbps＝1000kbps，1Gbps＝1000Mbps。

在2019年的現在，我們使用的智慧型手機是用俗稱「4G」的線路在通訊。「G」是「世代（Generation）」的縮寫。用最簡單粗暴的方式解釋，G前面的數字愈大，代表連線速度愈快。目前的4G技術，就已經能提供足夠的網速收看影片、聊天、瀏覽網頁了；但現正逐漸實用化的「5G」據說速度又比4G快上100倍。所以各界都很期待5G普及後，可以應用在自動駕駛和遠距醫療等領域，超越個人娛樂的應用範疇，為社會帶來巨大的變革。

觸控螢幕是怎麼感應手指的？

奇怪？手機怎麼滑都沒反應耶。難不成壞掉了嗎？

大概是因為你的手指不夠乾燥吧。智慧手機的觸控面板是靠表面的靜電來反應的。所以指尖濕濕的話是感應不到的喔。

是這樣啊!? 啊，有反應了！太好了。現在很多電子設備都有觸控螢幕，不知道手機和遊戲機用的有沒有差呢？

可直覺操作是觸控螢幕的優點

車站的購票機和銀行的ATM、或是用觸控筆操作的大頭貼機器和PDA等等，其實觸控螢幕早在很久以前就已經存在於我們的身邊。直到iPhone問世後，智慧型手機普及，現在從個人電腦到遊戲機，各式各樣的電子設備都裝有觸控螢幕。因為觸控螢幕不只可以直接點擊畫面，還可以運用不同的滑動手勢捲動、放大、縮小畫面，可謂自由自在。直覺性的操作是觸控螢幕的最大特徵。

觸控螢幕的基本原理，是藉由檢測手指碰觸面板時的電荷變化，判斷手指的位置，主要可分為「電阻式」和「電容式」兩種。

感應壓力的電阻式

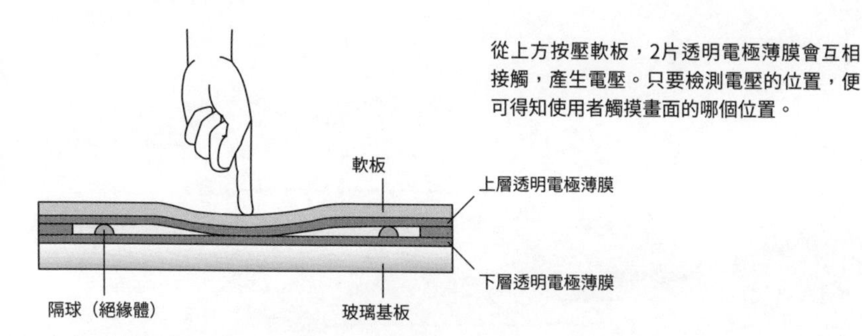

按壓時產生電壓的「電阻式」

「電阻式觸控」是目前最普及的觸控技術。這種觸控螢幕上，有兩層設有電極的薄膜，當這兩層薄膜碰在一起時，就會有電流通過。這兩層薄膜平時存在著空隙，不會互相接觸。而當手指或觸控筆按壓時，薄膜就會碰在一起，產生電流。只要偵測這個電流，就能知道手指位於面板的哪個位置。

因為只要有壓力就能感測到，結構非常簡單，所以即使用普通原子筆或戴著手套也能操作。此外還能感應按壓的力道強弱，所以常用於掌上遊戲機等裝置；但缺點是這種觸控技術不適合進行精細的操作。因此，智慧型手機使用的是另一種觸控技術。

感應接觸時靜電的「電容式」

智慧型手機採用的，是「電容式」的觸控技術。這種技術是在面板下設置網格狀的電極，使面板表面隨時覆蓋著一層靜電。當手指碰到面板時，碰觸部位的靜電會被手指吸走，然後螢幕便可偵測哪部分電極的靜電被吸收。

感應靜電變化的電容式

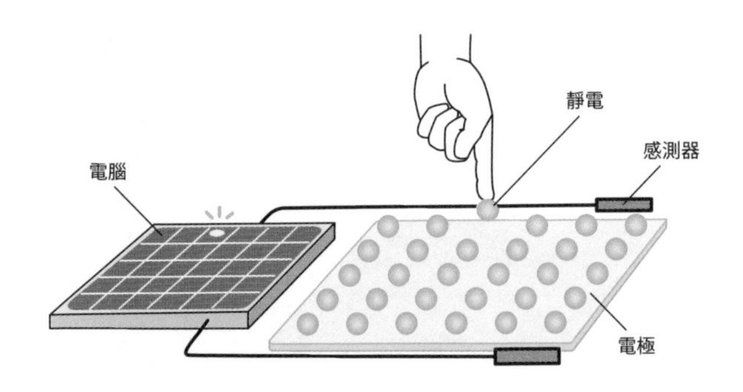

面板表面覆蓋著一層靜電，觸摸面板時，手指會吸收靜電。感測器會偵測靜電消失的電極位置，算出使用者觸摸了面板的哪裡。

一如圍棋可以用縱列和橫列的兩排座標來標示棋子在棋盤上的位置，電容式觸控螢幕電極也像棋盤一樣，可用相同的方式標示手指觸碰的位置。另外，因為電容式觸控螢幕可以同時感應多個電極的狀態，所以可實現用兩根手指靠攏縮小、擴張放大等智慧型手機不可或缺的操控動作。

但相對地，如果不使用手指或專用觸控筆等可以吸收靜電的物體觸摸，電容式觸控螢幕就不會有反應。這也是為什麼我們戴著手套時，很難用手指滑手機。那些標榜即使戴著也能滑手機的手套，也是在手套指尖的地方使用了可吸收靜電的材質，讓手套碰到螢幕時跟手指有相同的效果。

數位相機（數碼相機）是怎麼拍照的？

老師你看你看，這是我拍的花喔！拍起來比實際的花更漂亮呢。

你很擅長運用光線呢。話說回來，照相機本來就是紀錄光線的機器。換句話說，照片就是光的紀錄喔。

這麼說來，數位相機究竟是怎麼拍照的呢？如果知道其中原理，是不是能拍出更漂亮的照片呢？

相機就是紀錄光的機器

照相機的種類五花八門，但所有相機的拍照原理都是記錄通過鏡頭的光線。而數位相機則是把光線轉換成數位訊號後記錄下來。那麼，下面就讓我們一起跟隨光線的腳步，認識數位相機拍照的原理吧。

相機的鏡頭是用來聚集被拍攝物體發出或反射的光線。一般的相機鏡頭，用的是鏡片中央較為凸起的凸透鏡。譬如拍攝花朵的時候，照在花朵上的光線會朝四面八方反射。然而，這些四散的光線中，朝鏡頭方向射來的光，會在穿過鏡頭時聚焦於一點上。不知道大家小時候有沒有做過用放大鏡聚集陽光的實驗呢？原理其實是一

光線被透鏡聚集後成像

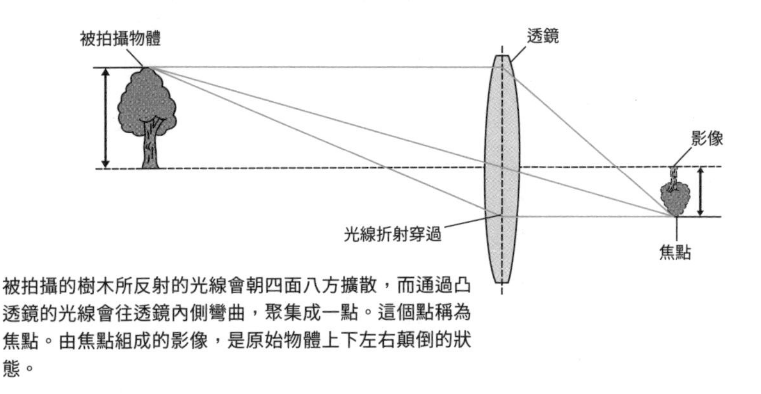

被拍攝的樹木所反射的光線會朝四面八方擴散，而通過凸透鏡的光線會往透鏡內側彎曲，聚集成一點。這個點稱為焦點。由焦點組成的影像，是原始物體上下左右顛倒的狀態。

樣的。凸透鏡的中央較厚，而愈靠近邊緣愈薄。所以通過中心的光線會以直線前進，但從邊邊通過的光會被曲折，往內側前進。而愈靠近鏡片外緣的光，曲折的角度愈大，所以光線穿過凸透鏡會聚集成一點。而這個光線聚集的點就稱為「焦點」。

將光線轉換成數位資料的「感光元件」

聚集在焦點上的光會被「感光材料」記錄下來。傳統相機的感光材料是底片，而數位相機的感光材料則是一種俗稱「感光元件」的電子零件。這種零件會把光線轉換成電子訊號。

感光元件上佈滿了許多以網格狀排列的微型傳感器，一個傳感器就是一個像素。我們常常聽到用來表示數位相機性能的「2000萬像素」，指的就是這台相機的感光元件上有2000萬個傳感器。

光線穿過鏡頭後，每個傳感器會判斷自己負責的區域「有照到光（1）」或「沒照到光（0）」，並依照光線的強弱產生相應電壓。相機內藏的電腦，會統計所有傳感器的電壓大小。然後將每個像素單位的資訊用跟點陣圖一樣的原理結合起來，就能組成一張相

光線轉換成電子訊號的原理

被鏡頭蒐集到的光會先通過濾色器，然後打在傳感器（光電二極體）上，產生電壓。一個像素只負責感應紅、藍、綠三色的其中一種，例如負責紅色的像素，只會感應紅色光的「有無」和「強弱」。這三種顏色的光排列在一起，可以呈現成千上萬的色彩，組成一張圖像。

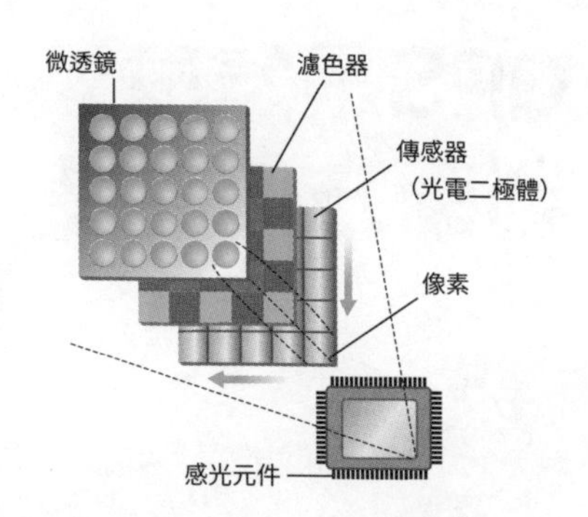

片了。

不過，傳感器能夠感知的只有光的強弱，沒法分辨接收到的是什麼顏色的光線。所以，傳感器上各自裝有紅、綠、藍的濾色器，讓不同傳感器負責偵測不同顏色的光線。例如負責感色紅光的傳感器上裝有紅色的濾色器，只有紅光才能通過。接著再用相同方式，讓其他傳感器負責綠色和藍色的光，便可將光線分解成三種顏色。

紅、綠、藍被稱為「光的三原色」，只要有這三種顏色的，幾乎就能調配出世界上的所有顏色。而由於光的傳感器體積非常非常小，所以它們蒐集到的三色光拼成一幅完整圖像時，在人眼看來就是一張色彩豐富的照片。

感光元件拍到的圖像，會經由圖像處理器轉換成數位訊號，進行各式各樣的圖形處理。最後，才會以數位資料的形式儲存在記憶卡等儲存媒體上。

GPS是怎麼判斷方位的？

謝謝你替我跑腿！你沒迷路吧？

只要用手機的地圖App就不怕迷路了。不但可以隨時知道自己在哪裡，還能得知離目的地有多遠，真的很方便呢。

智慧手機上的地圖App，是用GPS來取得位置資訊的喔。只要配合GPS和地圖資料，就能得知自己身在地圖上的哪個位置。

GPS是美國的衛星

GPS（Global Positioning System），是一種利用人造衛星，找出自己在什麼地方的系統。原本是美國出於軍事目的而打造的系統，但後來也開放給民間使用。

實際上，GPS是專指美國的地理定位衛星的專有名詞。俄羅斯、中國、以及歐盟也都各自擁有相同功能的系統，而日本也有用途較侷限，但同樣以定位為目的打造的「引路」衛星系統。由於日本使用的定位系統是以美國的GPS為基礎，所以一般都用GPS這個稱呼，但衛星定位系統的正式名稱應該是「GNSS（Global Navigation Satellite System，全球導航衛星系統）」。

世界各國的導航衛星

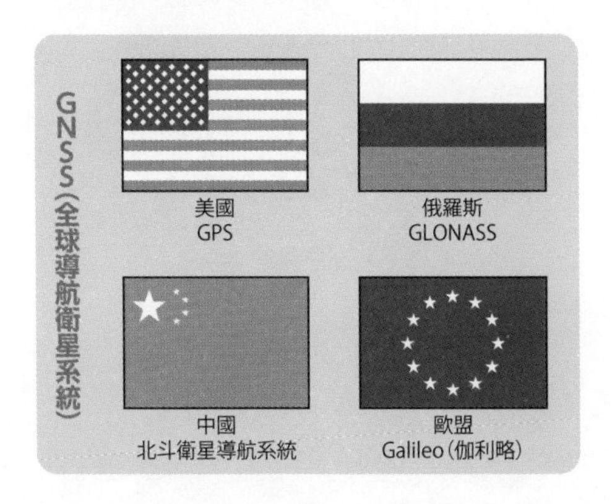

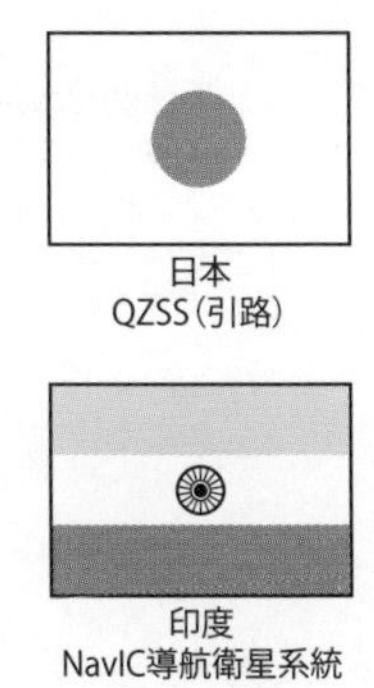

利用與任三顆衛星的距離計算目前位置

目前共有約30顆GPS的衛星，在距離地球2萬200公里的軌道上公轉，並不停對地球發送電波。而這些衛星做的事情，就只有紀錄「自己的現在位置」和「電波的發送時間」。智慧手機和汽車導航系統等GPS的末端裝置會接收衛星發送的這些資訊，然後計算現在的位置。

至於這是怎麼計算的呢？由於電波的行進速度是每秒30萬公里，原則上固定不變，所以只要知道電波發送的時間和導航設備接收到電波的時間，便可算出導航裝置與衛星之間的距離。

譬如，若衛星在12：00：00（12點00分00秒）發送電波，而導航設備在12：00：01（12點00分01秒）收到電波。因為電波花了一秒才從衛星到導航設備，所以我們可以確定導航設備位於以衛星為圓心畫出的半徑30萬公里的圓上。可是，這樣仍無法確定導航設備究竟在圓上的哪個點。所以我們要結合3顆衛星的資訊，推理出導航設備的位置。換言之，用3顆衛星測距後畫出的3個圓的交點，就是

GPS是用3+1座衛星來定位的

根據衛星A、B、C發送電波到地面裝置收到電波的時間差，可以算出地面裝置與各衛星之間的距離。而3座衛星畫出的圓交點，就是地面裝置的現在位置。衛星D則負責校正時間。

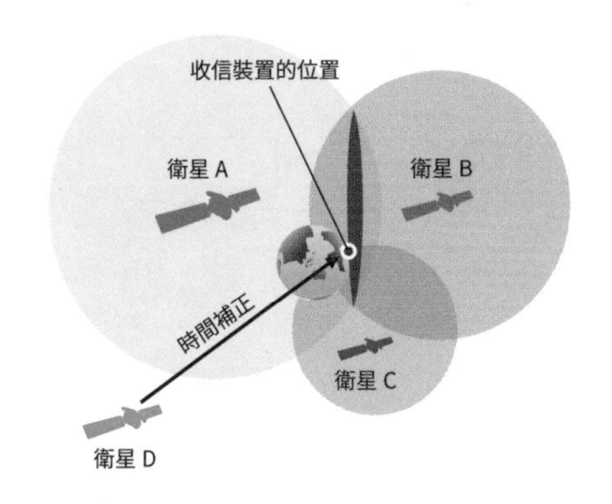

我們現在的位置。

校正各種誤差後才能實用

話雖如此，在秒速30萬公里的世界，時鐘只要快或慢了0.1秒，就會產生3萬公里的誤差。衛星上用的是一種俗稱原子鐘的精密時鐘，所以不用擔心；但我們的手機用的是普通時鐘，隨時出現問題也不奇怪。因此，我們還需要第4座衛星的資訊來校正時間的誤差，才能算出正確位置。

現實中，由於存在電離層和天氣、障礙物等各種因素的影響，電波有時也可能不是以秒速30萬公里前進。所以需要依賴手機基地台和Wi-Fi等地面通訊系統來校正，衛星定位技術才能勉強達到可實用的精準度。

不過，未來配合「引路」系統的輔助，日本的衛星定位或許能把誤差降低到數公分左右的程度。

隨身碟是
怎麼儲存資料的？

個人電腦的HDD在儲存資料的時候總會發出「喀哩喀哩」的聲音，但手機在儲存資料的時候卻安靜無聲。這是為什麼呢？

這是因為HDD是以物理方式寫入資料，所以會發出聲音。而手機上的儲存裝置是快閃式記憶體，是以電子的移動來寫入資料，所以沒有聲音。

USB隨身碟和SD卡，也是快閃式記憶體對吧。這種記憶體一定有很多優點，所以才會被用在這麼多地方。

快閃式記憶體是用電子的移動來寫入資訊

體積小、耐撞、寫入速度快、即使斷電也不會丟失資料，由於具有這麼多優點，近年快閃記憶體逐漸成為儲存媒介的主流。譬如USB隨身碟、SD卡、SSD都是用快閃記憶體製作的，被廣泛運用在手機、相機、音樂播放器等眾多家電產品上。

快閃記憶體跟HDD、DVD等傳統儲存裝置最大的差異，就在於資料的寫入方式。譬如HDD是以磁頭等裝置的物理性移動來寫入資料；而快閃記憶體則是依靠電子的移動來寫入。

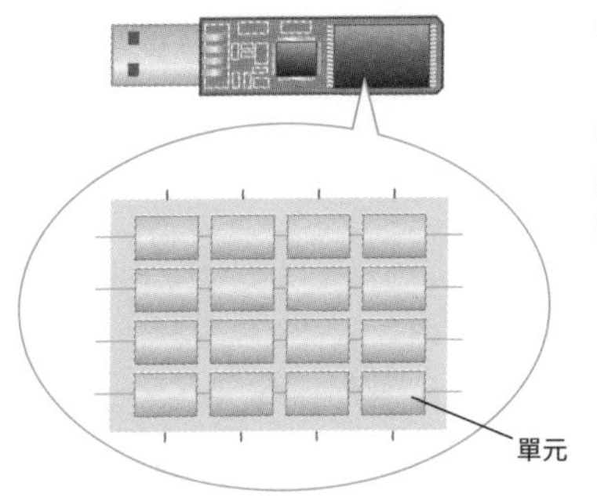

快閃記憶體的內部放大圖

快閃記憶體內充滿了無數名為「單元」的小房間。這些小房間記錄著「0」或「1」的訊息，以數位方式記錄資料。

電流容易通過就是「1」，不容易通過就是「0」

快閃記憶體的結構，一如上圖，是由許多名為「單元（cell）」的小區塊組成的。這些單元從側面看，就長得像右頁的圖。資料的記憶和消除，是用浮動閘極儲存或釋放電子來進行的。

數位裝置的所有資料都是由「0」和「1」組成；而快閃記憶體的每個單元，則是依靠電流在矽晶圓從源極到汲極的移動，藉由這個移動的難易度來區別0和1。初期狀態的矽晶圓基板內塞有大量電子，電流可以很順暢地從源極到汲極。快閃記憶體會將這個狀態識別為「1」。換句話說，要寫入「1」的資料，就代表什麼都不用做。

而要寫入「0」的時候，矽晶圓會施予電壓，使電子移動到浮動閘極。穿透氧化矽原本是絕緣體，但受到電壓時就會變成只有電子可以通過的狀態。而控制閘極也同樣是絕緣體，所以被送至浮動閘極的電子會被關在裡面。

電子移動到浮動閘極，矽晶圓內的電子減少，電流就變得不易通過矽晶圓。快閃記憶體便將此狀態識別為「0」。而要抹除資料時，只需對控制閘極施加電壓，把浮動閘極的電子送回矽晶圓，就能恢復至「1」的狀態。

把資料寫入單元的原理

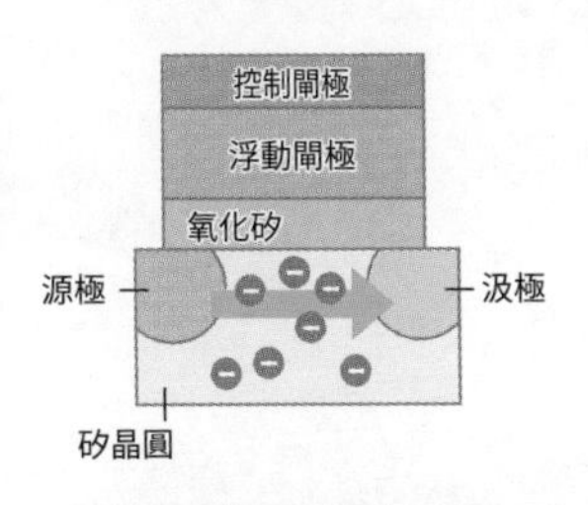

①矽晶圓基板內裝滿了電子，電流可以暢通地從源極流到汲極。電腦把此狀態識別為「1」。

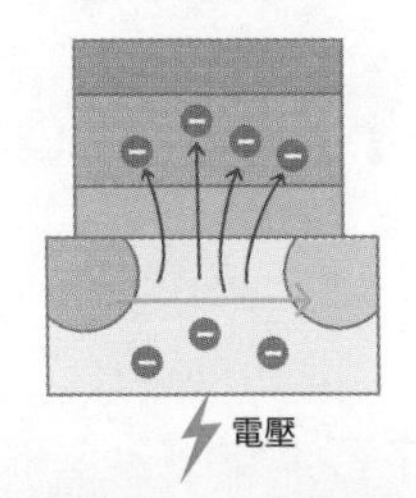

②而要記錄「0」的時候，就對矽晶圓施加電壓，讓電子移動到浮動閘極，使電流變得難以通過矽晶圓。電腦就是用電流通過的難易度辨識「0」和「1」。

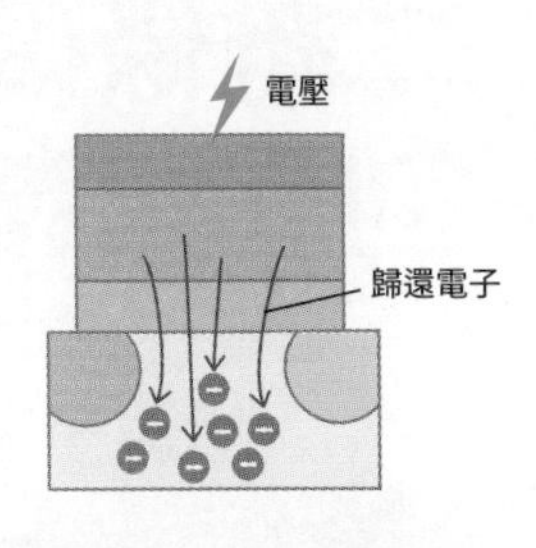

③要抹除資料時，只要從反方向施加電壓，把記錄著「0」的單元內的電子送回原處即可。記錄「1」的單元則什麼都不用做。

實現體積小大容量

這種寫入方式，因為是利用絕緣體把電子關在單元內，所以具有就算切斷電源資料也不會消失的絕佳優點。但另一方面，想要增加記憶容量，就必須增加單元的數目，所以要像HDD那樣體積小但容量大，需要解決很多難題。

不過，最近科學家已能夠更精細的檢測浮動閘極內的電子，藉以增加每個單元的資料容量；同時也研究出如何以立體方式排列儲存單元，也就是成功用把平房改建成高層公寓的方式提高同體積的容量，實現了大容量化。

二維條碼（二維碼）的花紋到底記錄了什麼？

我上次去聽了音樂會喔。入場的時候工作人員用機器刷了門票邊邊的四角形記號，那到底是在刷什麼呢？

那個記號叫做二維條碼，是在超市買東西時刷的條碼的進化版喔。條碼上記錄了來聽音樂會的客人的資訊。

原來如此啊。可是它的花紋跟一般條碼長得完全不一樣，到底是怎麼作用的呢？

二維條碼是一維條碼的進化版

畫在正方形的框框內，黑白交間的奇妙格紋。只要用智慧手機的相機讀取，就能打開特定的網頁，或是在結帳時用來付款，相信大家都曾經看過才對。

這種條碼現在最常被稱為「QR Code」，但QR Code這個名稱其實是日本DENSO WAVE公司的註冊商標，正式的名稱應該叫「二維條碼」。是從在商店結帳時刷的一維條碼改良而來。

一維條碼原本是為了登記商品價格和管理商品資訊而由物流業界發明的。粗細不等的條紋對應了0～9的數字，只要用條碼機讀取，就能叫出商品的資訊。然而到了現代，需要登錄的商品資訊愈

資料量比傳統條碼多數百倍的二維條碼

一維條碼只能表示數字。另一方面，二維條碼可以記錄數字、字母、平假名、漢字等資訊，所以也能用來表示姓名、住址、網址。

來愈多，只靠條紋粗細，而且只能記錄數字的一維條碼已經不敷使用。

所以二維條碼才會應運而生。因為不是用條紋，而是用點陣格子，所以可從橫向、縱向兩個維度儲存資訊，儲存的資訊量是舊式條碼的數百倍之多。只記錄數字的話最多可儲存7089字，英數字組合則可達4296字，即使是日文漢字也能記錄1817字之多；加上一瞬間就能叫出來的便利性，現在已跳出物流業，廣泛運用在我們的日常生活中。

大部分資料都是為了保險而存在

二維條碼的基本原理，是用白色和黑色的方格代表「0」和「1」，再用二進制數字來表示文字。但除此之外還有很多精心的設計。

QR Code的最大特徵，就是位於最外框三個角落的重疊方塊。這三個方塊叫做「定位標記」，是用來告訴讀取器「二維條碼的位置在這裡」的記號。是一種不論直放、橫放、斜放，從任何角度都

二維條碼的結構

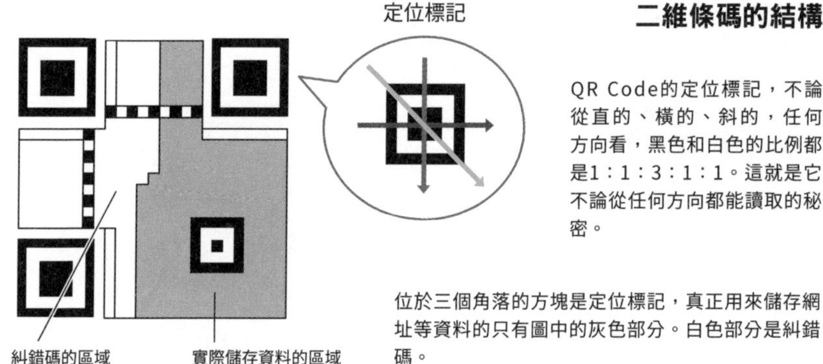

QR Code的定位標記，不論從直的、橫的、斜的，任何方向看，黑色和白色的比例都是1：1：3：1：1。這就是它不論從任何方向都能讀取的秘密。

位於三個角落的方塊是定位標記，真正用來儲存網址等資料的只有圖中的灰色部分。白色部分是糾錯碼。

能讓機器識別的優秀設計。

檢測到定位標記後，讀取器就會開始解讀定位標記周圍的格紋碼。話雖如此，其實真正記錄了資訊的只有條碼的右半邊，左半邊記錄的是「糾錯碼」。糾錯碼是當二維條碼出現汙損，或是破掉一部分無法讀取時，復原破損資料用的記號。

另外，二維條碼的資料和糾錯碼，都是依照二進制規則製作的，所以記錄的資料有可能剛好跟糾錯碼長得很像，或是白色跟黑色的部分全都排在一起。這種時候，讀取器就有可能會發生錯誤，所以二維條碼還有在特定規則下反轉黑白格紋，或是修正格紋太集中的機能。這種技術叫做「遮掩（mask）」，所以二維條碼上還同時記錄了告訴讀取機要不要使用遮掩規則的暗號。

換言之，二維條碼上的格紋，不只是單純把網址等訊息替換成黑白方格，還包含了「復原規則」和「讀取規則」等多重保險措施。

臉部辨識是如何區辨人臉的？

最近臉部辨識的應用場域愈來愈多了呢。不僅能解鎖手機，出國旅行時的出入境管理也普遍採用臉部辨識。

我聽說臉部辨識對警察用防盜攝影機破案也有用喔。但臉部辨識究竟是怎麼分辨拍到是不是本人呢？

那是因為人的臉啊，存在很多像兩眼距離、鼻翼寬度、臉部骨骼等等的「特徵點」。電腦比對的就是這些特徵是否一致喔。

將臉形輸入電腦

只要預先登錄本人的臉，就能比較攝影機前的人臉，判斷是不是本人的「臉部辨識」技術，在工作會經過兩個步驟。

第一步，是從畫面中辨識出臉的個別部位。對電腦而言，影像資料就只是無數小點的集合體，無法分別臉、身體、背景。所以，首先必須先用某種方法，教電腦判斷影像的哪裡到哪裡是臉。

而這個方法幾乎只能依賴「蠻力」。簡單來說，就是把人臉的照片和「這裡到這裡是臉部」的資訊一同輸入電腦。然後讓電腦一個一個比對每張照片的像素，從中找出規律，逐漸學會「擁有這種特徵的圖案就是臉」。接著輸入數千張、數萬張、數十萬張……依

臉部辨識的兩步驟

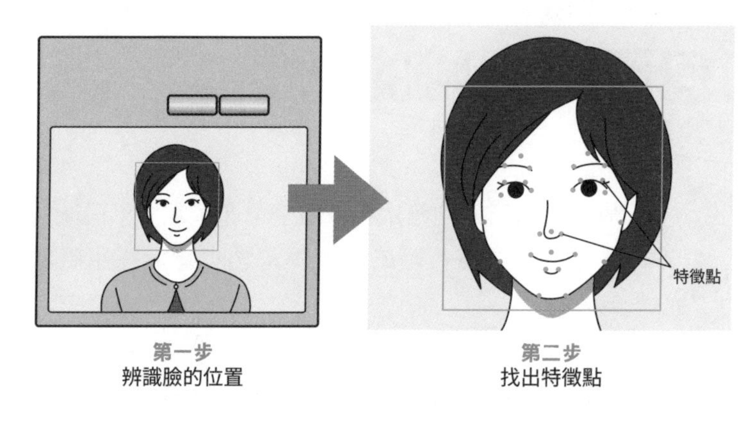

第一步是從照片中找出臉的位置。第二步再找出臉的特徵點，根據特徵點的位置和距離識別對象，然後比對預先登錄的臉部照片。

序增加照片數量，提高辨識的精準度。

找出臉部的特徵點

第二步，是找出臉部的特徵點。所謂的特徵點，就如同兩眼的間隔距離、鼻翼寬度、嘴巴或耳朵的形狀、痣的位置等，可以用來區分人臉的關鍵特徵。所以嚴格來說，電腦看的並不是完整的人臉，而是比對人臉上的特徵點位置和距離是否相符。

一般認為精確度最高的身分識別技術是指紋辨識，但指紋辨識其實用的也是同一種方法。指紋上約有100個特徵點，只要其中12個相符，就會被認為是本人。雖然聽起來很少，但12個特徵點相符的機率，只有1兆分之1。

而由於人臉的複雜度比指紋更高，所以可以找出數百～數千個特徵點。話雖如此，要比對所有的特徵點會花費太多時間，因此實

臉部辨識的
精準度到哪裡？

臉的方向和髮型等粗略的變化雖然不影響辨識，但如果有一半以上的臉被遮住或戴著口罩或太陽眼鏡的護，有時可能會認不出來。

①側臉

②髮型變化

③體型變化

④戴眼鏡

⑤戴口罩

際運用時只會挑出50個左右。

運用人工智慧使臉部辨識更加進化

左右臉部辨識精準度的最重要關鍵，就是特徵點的尋找方式。在現實中使用時，使用者的臉不一定總是正面對鏡頭，也可能是側臉、被陰影遮住、髮型改變、變瘦變胖、戴眼睛或口罩等各種不確定因素。

遇到此類困難，只要輸入更多臉部形態和特徵即可解決，所以在人工智慧（AI）和深度學習登場後，臉部辨識技術便有了爆發性的進步。近年，3D臉部辨識辨識技術變得普及，即使稍微改變角度或髮型也可以成功辨識。

隱形戰機
是怎樣「隱形」的？

怎麼樣？你看我終於做好這個世界首架隱形戰機「夜鷹」的模型了喔。很帥氣吧？

難怪老師你最近老是窩在房間……話說回來，隱形戰機為什麼被稱為「隱形」呢？

當然不是因為它是透明的啊。所謂的「隱形」，其實是不容易被雷達發現的意思喔。

可躲避敵人追蹤的隱形戰機

報紙和新聞上時而會看見「隱形戰機」這個詞。雖然隱形戰機的名字中有「隱形」這個字眼，但實際上它到底是什麼樣的飛機呢？

「隱形」的原文「Stealth」有「悄悄的」和「隱密」的意思。單從字面上的意義來看，大家可能會以為隱形戰機能像忍者一樣融入黑暗，利用迷彩跟背景同化，但實際上卻不是這麼回事。

飛機，尤其是戰鬥機，通常能以超音速（時速1224公里）的超高速飛行，所以等到眼睛看見後才發警報早就來不及了。所以，用雷達進行大範圍的搜索，提前發現更加重要。而所謂的隱形戰機，

雷達的工作原理

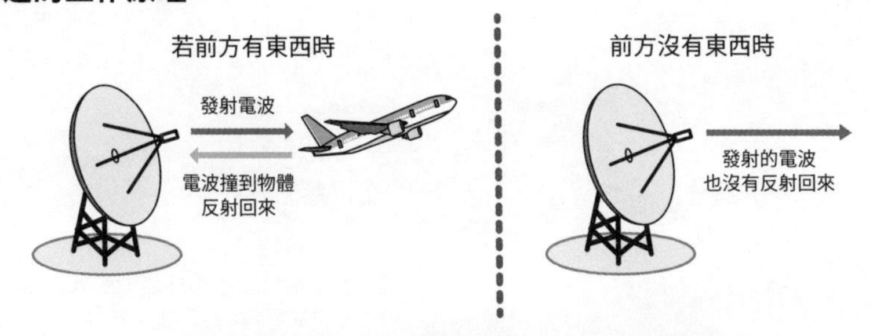

雷達會發射電波，然後偵測有無電波反射回來，藉此判斷「前面有沒有東西」。當前方有物體時，電波會被反射回來，而沒有東西時則不會反射。

就是能躲避雷達波，不容易被雷達發現的戰鬥機。

雷達偵測的是電波的反射

首先解釋一下雷達的工作原理。雷達是一種會朝天空發射電波，然後捕捉撞到物體後反射回來的電波的裝置。雷達波的性質跟光很類似，固定以秒速30萬公里前進，所以只要測量反彈回來的時間差，就能算出與物體間的距離。只要解析反射回來的電波，還能得知物體的角度、形狀等更詳細的資訊。

那麼，如果前方沒有任何物體的話呢？此時電波不會有任何反射，一直往前飛，不再回來。所以若發射出的電波沒有回來，雷達就會判斷「前方沒有東西」。

而隱形戰機，就是反過來利用雷達以反射波搜索物體此一特性的技術。隱形戰機的機體被設計成就算撞上雷達波，也不會把它反射回去，所以很難被雷達發現。

隱形戰機會把電波反射到其他方向

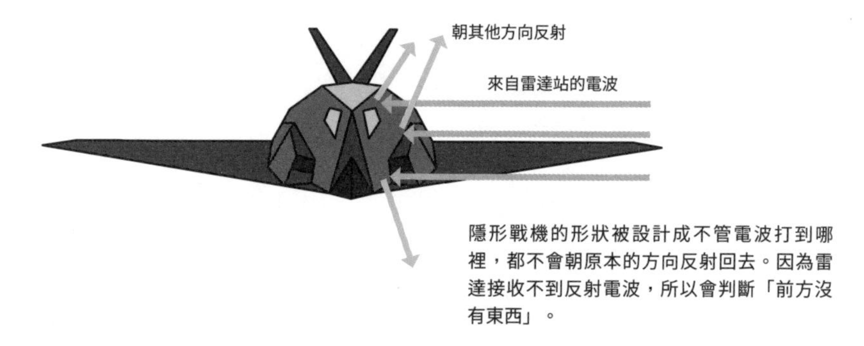

不會反射電波的設計

電波撞上平面時，會往原本的來向反射回去；但如果平面是傾斜的，就會導致漫射，往其他方向飛散。

所以隱形戰機採用了無論從哪個方向都不會出現平坦表面的結構。機身的側面和垂直尾翼都是傾斜的，因此從側面飛來的電波反射方向會被偏移。另外，主機翼和水平尾翼的角度也一致，使電波只會朝特定的方向反射，不會順著原方向反射回去。除此之外，引擎排氣口附近也塗上凹凸不平的塗料使電波漫射，或是使用能吸收雷達波的材料減弱電波的反射，結合了許多尖端的高科技。至於駕駛艙的艙蓋因為一定是透明的，會成為電波的進入口，所以也塗有含有鐵粉的塗料擾亂電波。

隱形戰機並不能完全擋掉電波。可是，由於隱形戰機反射在雷達上的電波強度不會被雷達辨別為飛機，所以事實上在敵人眼中就是「隱形」的。

第5章

人體和疾病的科學

為什麼我們白天很有精神，但到晚上就會想睡？

光顧著打電動，沒想到居然這麼晚了。明明功課還沒做完，但眼皮卻已經睜不開了。為什麼人一到晚上就會想睡呢？

到了晚上會自然產生睡意，就證明你體內的「生理時鐘」有在好好運作，是一件好事喔。

人一到白天就會元氣百倍也跟這有關嗎？人體內的時鐘真是不可思議呢。

人到夜晚就會想睡的原因是什麼？

人到了晚上就會想睡，天亮了就會醒來。這乃是自然之理。不只是人類，動物的體內也有以日為單位的時間感。這稱為生理時鐘，是一種可以依照不同時間帶自動調整體溫、血壓、代謝、賀爾蒙分泌等身體狀態的機制。

例如，在生理時鐘的命令下，我們的人體一到夜晚就會分泌大量俗稱「睡眠賀爾蒙」，具有催眠作用的褪黑激素。另外，從白天便一直處於活動狀態的身體所累積的疲勞也會讓我們想睡。還有，人上了年紀後，經常會很早就清醒，睡眠時間變得愈來愈少，一般認為也是褪黑激素造成。因為人的褪黑激素分泌量會隨著年紀增長

帶來睡意的褪黑激素

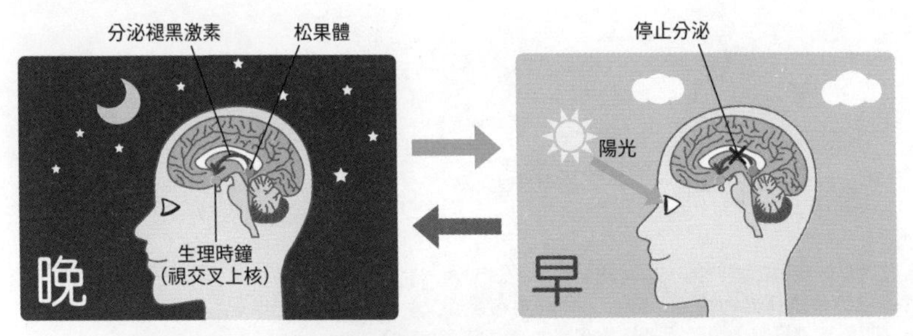

人會想睡是因為褪黑激素這種賀爾蒙的作用。而入夜之後，腦中名為松果體的部分就會分泌褪黑激素，切換體內的生理時鐘。而到了早上，沐浴到陽光後，褪黑激素就會停止分泌。

而減少。

控制生理時鐘的「時鐘基因」

下面讓我們再多挖掘一下生理時鐘的運作機制吧。2017年，一支美國科學團隊成功發現控制生理時鐘的「時鐘基因」，獲頒諾貝爾生理學獎和醫學獎。根據該團隊的研究，由時鐘基因產生的蛋白質，一旦累積到一定的量，就會主動抑制自己的生成。其週期會以1天為單位不斷重複，所以生理時鐘才能穩定地發揮作用。

另外，科學家還發現人的生理時鐘不只有一個，而存在於所有的臟器中。而這些生理時鐘的中心，也就是俗稱標準鐘的，是位於大腦的「母鐘」。而其他臟器內的生理時鐘則叫「子鐘」。母鐘和子鐘可藉由神經互相聯繫，當兩者的時間保持一致時，就是最理想的狀態。

順帶一提，生理時鐘的準確週期，是24小時又幾十分鐘。若按照這循環，生理時鐘會愈來愈落後正常的日夜週期，所以每天都需要「重設」一次。

生理時鐘的重設循環

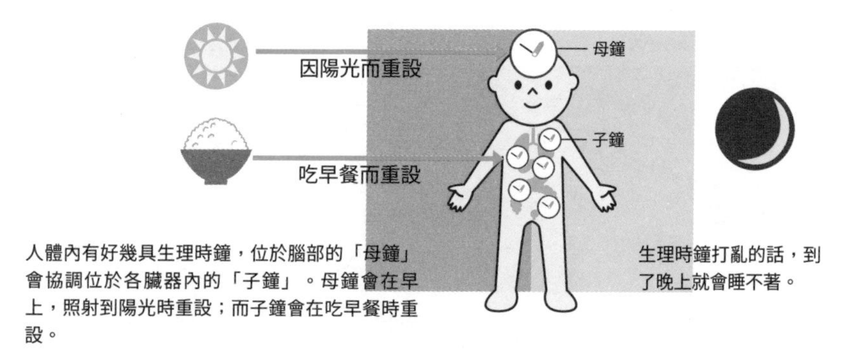

人體內有好幾具生理時鐘，位於腦部的「母鐘」會協調位於各臟器內的「子鐘」。母鐘會在早上，照射到陽光時重設；而子鐘會在吃早餐時重設。

生理時鐘打亂的話，到了晚上就會睡不著。

生理母鐘會被光照重設，在起床後照到陽光後，便會調整24小時的節奏。另一方面，子鐘則會被吃早餐的動作重設。所以，如果不吃早餐的話，母鐘和子鐘的節奏就會錯亂，使體內出現「時差」。因此，一般認為不吃早餐對身體比較不好。

調整生理時鐘，維持身體健康

生理時鐘會因熬夜和不規律的生活節奏而亂掉。一旦生理時鐘被打亂，就會造成失眠，或是工作和唸書無法集中，運動能力降低等症狀，可說有百害而無一利。

除此之外，混亂的生理時鐘，也被認為是睡眠障礙、糖尿病、癌症的原因之一。所以維持「早睡、早起、吃早餐」的規律生活，調整好生理時鐘的節奏，是維持身心健康的重要祕訣。

為什麼吃冰吃太快時會頭痛？

我最喜歡冰淇淋（雪糕）了，開動囉〜〜！

喂喂喂，你要是吃得那麼急……。

啊啊啊，頭痛得就像要裂開了！

你看，我不是才提醒過嗎。那種頭痛叫做「冰淇淋頭痛」，是因大腦的錯覺……哎呀，看來好像不是講課的時候了呢。

正式名稱為「冰淇淋頭痛」

每到炎炎夏日，就會讓人忍不住想吃冰。冰涼的口感雖然會給我們帶來幸福的感覺，但如果吃得太急時，腦袋便會突然一陣劇痛。相信很多人都曾體驗過這種神祕的頭痛感吧。

頭痛的強度雖然因人而異，但通常只要稍微休息一下就會自然消退，所以大多數人可能都不太放在心上。但其實，那種頭痛有個

將臉部感覺傳到大腦的三叉神經

三叉神經負責將臉部的「冷」、「痛」、「接觸」等感覺傳遞到大腦。分別位於額頭、臉頰、下巴，此外也通過喉嚨附近。

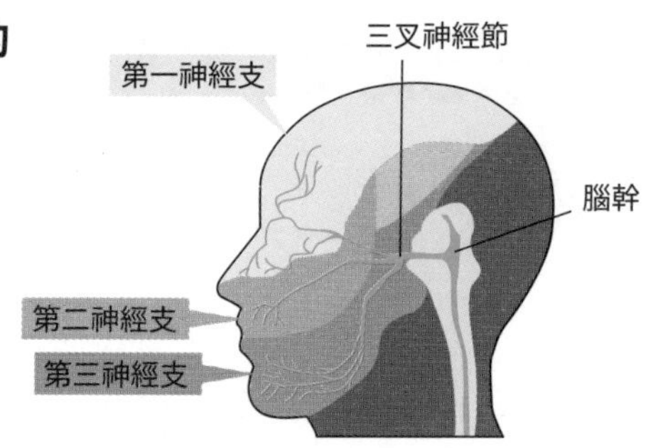

非常正式的醫學名稱，叫「冰淇淋頭痛」。

大腦的錯覺和血流膨脹是主要原因？

冰淇淋頭痛的成因，目前還沒有完全解開，但有兩種有力的理論。

第一個理論，是大腦的錯覺。通常，像冰淇淋這種低溫的物體通過喉嚨時，會刺激到位於頸部的三叉神經。這個三叉神經是負責將「冷（熱）」、「痛」、「接觸」等臉部知覺告訴大腦的神經，可以辨識以上的感覺並傳遞給大腦。然而，當「冷」的刺激太過強烈時，就會引起神經的混亂，誤把「痛」的訊號也送到大腦去。結果，就引起了頭痛。

至於另一種理論，則認為是血管的膨脹造成。吃冰冷的食物時，口內和喉嚨的溫度會急速下降。而這會引發身體的防禦反應，暫時增加血液流量以保持身體溫暖。這個時候，連接頭部的血管急速膨脹，引發輕微的炎症反應，就導致頭痛。

不論哪種說法，都十分有說服力。近年學界傾向認為這兩種理論都是正確的，又或是這兩種理論同時發生。

冰淇淋頭痛的起因主要有二

如何避免冰淇淋頭痛？

冰淇淋頭痛的痛感通常不會持續超過5分鐘，也不會對人體留下不好的影響。話雖如此，一旦發生時就非常難受，所以可能的話還是會想盡量避免。

而它的避免方法也很簡單，就是在吃刨冰或冰淇淋時，盡量小口小口地吃。就這樣。如此一來，冰屑就會慢慢在口中融化，不會讓喉嚨受寒，避免刺激到神經或引起血管膨脹。

另外，搭配溫茶等溫暖的東西交互入口，也可避免口內的溫度下降太快，造成頭痛。而當冰淇淋頭痛真的發生時，據說用舌頭抵住口腔上方，加溫血管，也可以緩和症狀。

無論如何，只要慢慢品嘗，也可以加深冰淇淋的風味，可說是一石二鳥的解決之道。

為什麼被蚊子咬不會痛？

我想說怎麼好像癢癢的，結果一看皮膚腫了包。看來是被蚊子咬的。我完全沒發現呢。

蚊子的口器，為了在叮咬時不被獵物發現，其實運用了非常巧妙的設計喔。甚至有些針筒的設計也是參考蚊子呢。

蚊子的針真的很厲害呢。就算被咬也完全不會痛。要是真有那種針筒，就算是我或許也能不怕打針了。

蚊子的口器是六根纏成一束的

夏天時，到海邊、山上或公園出遊，雖然是十分令人期待的活動，但待在室外，總是得隨時注意被蟲咬的問題。其中，蚊子更是最神出鬼沒，會被神不知鬼不覺間悄悄吸血的麻煩存在。而且被咬了之後還會奇癢無比……。

不僅如此，蚊子真正的可怕之處，在於它們會傳播病原體，藉由叮咬傳播疾病或傳染症。幾年前，日本也曾傳出由蚊子叮咬導致的登革熱案例，令人記憶猶新，值得我們的注意。

蚊子的叮咬之所以不容易被發現，主要原因是蚊子用來吸血的口器太過細小。其直徑只有約0.08mm，相比之下人類的毛髮都有0.1mm，足見其微小的程度。其次，蚊子的口器結構也非常巧妙。

蚊子用 6 根針吸血

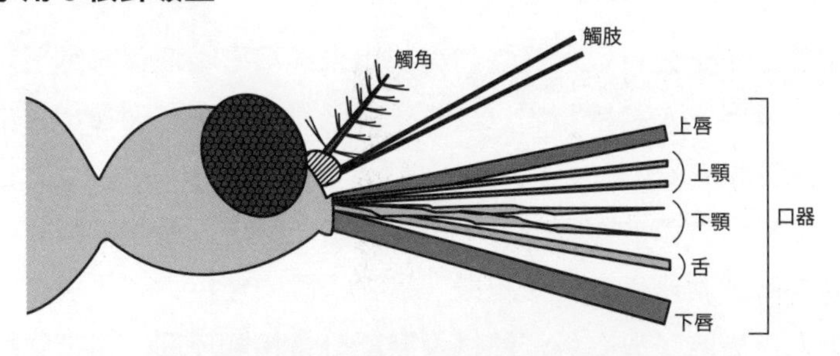

蚊子的口器乍看之下只有一條，實際上共有六根針被包在筒狀的下唇內。蚊子會先用鋸齒狀的下顎切開皮膚，再用上顎撐開切口，用舌將唾液（麻醉劑）注入皮下，並用上唇吸血。

乍看之下雖然只有一根，但其實是由6根細微的針狀物組成，包裹在一個筒狀物中。換言之，蚊子的嘴巴一共可分成7個部分。

癢感是人體對蚊子唾液的過敏反應

蚊子會巧妙地運用6根針頭來吸血。首先，牠會快速振動兩根名為「下顎」的鋸齒狀刀刃，切開皮膚插進去。下顎的尖端非常細，就算被刺到也不會有感覺。接著蚊子會用名為「上顎」的一對口器撐住被切開的傷口，插入一根粗針（「上唇」），從微血管裡吸血。

此時，除了上唇外，蚊子還會一併插入名為「舌」的針。蚊子就是從這裡注入唾液的。蚊子的唾液含有抗凝血劑，可防止人的血液凝固。另外，裡面也含有防止人產生痛楚的麻醉物質。

而人被蚊子咬時皮膚之所以會癢，其實是過一段時間後，唾液導致的過敏反應。

以蚊子口針為靈感發明的「無痛」針頭

雖然蚊子十分可恨，但牠們發展出來的精密吸血策略卻值得我們驚嘆。實際上，科學家們也以蚊子的口針為靈感，開發出了抽血用的特殊針頭。

這種抽血針筒的直徑低於0.1mm，由一根注入藥劑的針和兩根鋸子狀的針，共計三根針頭組成。這三根針頭會協力刺入皮膚。在針頭刺進皮膚時，只有外側的鋸齒狀部分會接觸皮膚，可把對細胞的傷害降至最低。因此，就算插進皮膚也「不會痛」。

這種無痛針，目前已實際被醫院採用，用在糖尿病患者和兒童身上。

模仿蚊子口器設計的「無痛針」

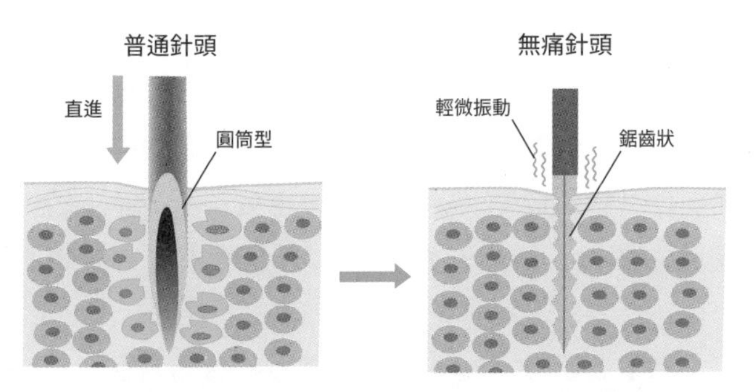

普通的針頭是圓筒形，刺進皮膚時的阻力較大，與皮膚接觸的部分較多，所以會產生痛楚。而模仿蚊子設計的無痛針，側面是鋸齒狀，以振動的方式插進皮膚。可以用很小的力量就刺進去，且刺入後與皮膚的接觸部分較少，故不容易產生痛感。

為什麼寒冷和害怕時會起雞皮疙瘩？

我之前去聽了偶像的演唱會喔！氣氛真的超熱血，整個人雞皮疙瘩都起來了呢！不過，為什麼聽音樂時會起雞皮疙瘩呢？

嗯，不只是寒冷的時候，人在害怕和感動時也會起雞皮疙瘩。這種現象其實是人類還跟猿猴一樣全身有毛時遺留下來的機能喔。

一粒一粒的凸起其實是毛孔周圍的肌肉鼓起

除了寒冷的時候，我們在感到恐懼或興奮時也會起雞皮疙瘩。譬如我們會用「毛骨悚然」來形容在聽鬼故事時全身發寒的感覺，這形容的正是雞皮疙瘩的狀態。

雞皮疙瘩的基本原理，不論在何種場合下都是相同的。人的皮膚上長有很多體毛，而這些體毛的根部都存在名為「立毛肌」的肌肉。而雞皮疙瘩就是這種立毛肌造成的。

立毛肌無法用我們的意識控制，只有屬於自律神經之一的「交感神經」受到刺激時，會反射性收縮，用來閉上毛孔。此時，平常斜斜生長的體毛會站起來，同時毛孔的周圍也會微微隆起。而這個皮膚肌肉微微鼓起的狀態，就是雞皮疙瘩的真面目。

雞皮疙瘩的原理

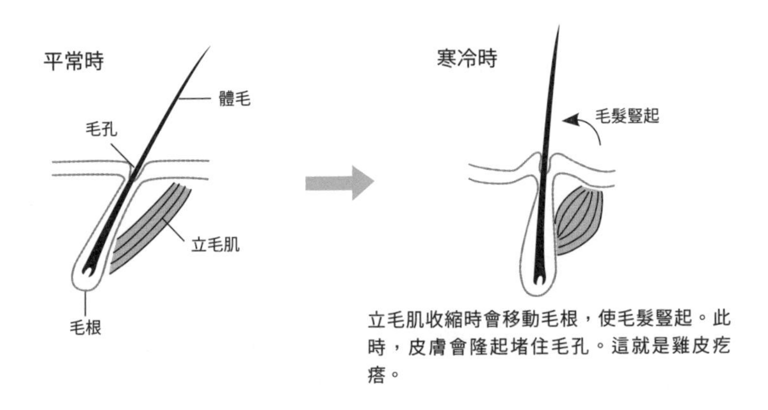

立毛肌收縮時會移動毛根，使毛髮豎起。此時，皮膚會隆起堵住毛孔。這就是雞皮疙瘩。

「交感神經」緊張時就會起雞皮疙瘩

交感神經會在受到寒冷、恐懼、緊張等刺激時作用。我們進入寒冷的地方時起雞皮疙瘩，就是交感神經受到「寒冷」刺激時的防禦反應。立毛肌反射性地收縮，關閉毛孔，避免體內的熱從毛孔流失。

另外，人在恐懼或緊張時會起雞皮疙瘩，據說是人類進化成現代人前，還跟猿猴一樣長滿體毛的時代留下的機制。因為豎起毛髮，可以讓自己的體型看起來比實際更大，用以威嚇敵人。現在像貓咪一類體毛較長的動物，在憤怒和激動時也會豎起毛髮。兩者的原理是一樣的。

另一方面，最近還常常能聽到「演奏好聽得令人雞皮疙瘩」，這種用來形容感動時起雞皮疙瘩的表現。然而，感動情緒和雞皮疙瘩之間的關係，目前還沒有科學性解釋。雖然有一說認為感動時的雞皮疙瘩，就跟寒冷和恐懼時一樣，源自交感神經受到強烈刺激，但這個現象卻不是每個人都有。

雞皮疙瘩在演化中失去了用處!?

那麼，雞皮疙瘩的現象，對於人類究竟有什麼幫助呢？其實，這對現代人幾乎沒有用處。

在人類還全身是毛的時代，豎起毛髮有助於保持溫暖。因為豎起的毛髮可以留住空氣，避免熱量散失。氣體的熱導率比液體和固體低很多，所以靜止狀態的空氣是一種非常優異的隔熱材質。譬如毛衣和羽絨衣、羽絨被之所以這麼溫暖，就是因為裡面的羽毛。實際上，雞皮疙瘩一詞中的雞，在寒冷時也會豎起羽毛，在皮膚和外界之間做出一層空氣層，防止體溫散失。

然而，在演化的過程中，人類的體毛愈來愈少，如今就算起雞皮疙瘩也沒有保溫的效果。不過，藉由研究雞皮疙瘩的現象，看出人類演化的軌跡，不也是件十分有趣的事嗎？

體毛間的空氣層可用來隔熱

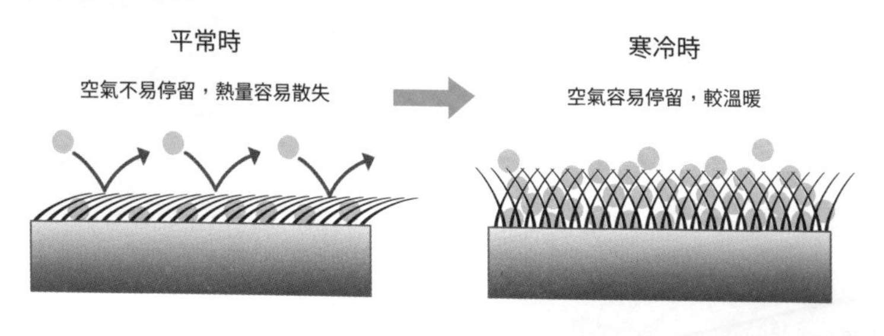

血型
有哪幾種？

上次，我陪爸爸一起去捐血喔。我爸爸的血型是O型，所以可以輸給其他血型的人。

因為O型血中不存在A抗原也不存在B抗原呢。不過輸血的時候使用同血型是鐵律，所以一般的醫院在輸血前一定會先檢查血型。

所以用O型血替其他血型的人輸血，只有在萬不得已時才能做對吧。話說回來，老師你剛剛說的A抗原和B抗原是什麼呀？

血型是醫學史上的重大發現

所有的人體內都留著血液，血液負責運送氧氣、賀爾蒙、營養素等維持生命所需的元素，是不可或缺的存在。人體內的血液量約佔體重的13分之1，由紅血球、白血球、血小板、血漿所構成。同時，依照存在於紅血球中的「抗原」或「抗體」種類，血液還可分成數個不同種類，這就是血型。

將血型分成A、B、O、AB型四種的ABO血型，是在1900年發現的，歷史並不算非常悠久。這個發現，對於醫學的發展有種非常重大的貢獻。因為把不同血型的血輸給他人（異型輸血），會引發非常嚴重的副作用，最壞的情況可能致死。所以在血型被發現前，人類根本無法進行需要輸血才能實現的治療和手術。但在可以正確分

ABO 血型的抗原和抗體

血液型	血球抗原	血清中的抗體	日本的比例
A	A	抗 B	約 40%
B	B	抗 A	約 20%
O	AB 皆無	抗 A 和抗 B	約 30%
AB	A 和 B	抗 A 抗 B 皆無	約 10%

類血液，使用同種類的血液安全輸血後，醫療的救命機率便有了大幅提升。

ABO血型是依照抗原和抗體分類的

一如大家所知，人的血型遺傳自父母。最常被使用的ABO血型分類，是用檢查紅血球和血清來判定的。雖然有點複雜，但下面讓我們好好整理說明一下。

首先，紅血球的表面存在一種名為抗原的物質。A型血帶有A抗原，B型血帶有B抗原，AB型血同時帶有A抗原和B抗原，O型血則什麼都不帶。

同時，血清中存在著一種會攻擊我們體內不存在的特定抗原，名為抗體的東西。譬如，A型的人帶有會攻擊B抗原的抗B抗體，相反地B型的人則帶有會攻擊A抗原的抗A抗體，AB型的人則兩種抗體都不帶。

總結可看上表。

輸血時Rh血型也很重要

除了ABO血型分類法外，醫療界也同時使用另一種Rh血型分類法。這種分類法同樣是依照紅血球上的抗原，由血球上是否帶有C、c、D、E、e等抗原來決定血型。其中帶有D抗原的屬於Rh陽性，不帶D抗原的屬Rh陰性。日本人中Rh陰性的比例很少，大約200人中才有1個。

輸血時，除了ABO血型，Rh血型也很重要。首先一定要選擇ABO血型相同的血。然後對於Rh陰性的人，一定要選擇ABO血型相同的Rh陰性血。要是不小心輸入了ABO血型不同的紅血球，輸進的紅血球就會被破壞，很可能會引發副作用。

原則上，無論哪種血型，都不可以用其他血型輸血；唯有O型血因為不帶A抗原也不帶B抗原，所以在緊急時可用來對其他血型的人輸血。另外，Rh陰性血型的人只能輸Rh陰性血，但Rh陽性血的人就算輸Rh陰性血也不會發生副作用。

親子的血型組合　　●：可能　×：不可能

母		O				A				B				AB			
父		O	A	B	AB	O	A	B	AB	O	A	B	AB	O	A	B	AB
子	O	●	●	●	×	●	●	●	×	●	●	●	×	×	×	×	×
	A	×	●	×	●	●	●	●	●	×	●	×	●	●	●	●	●
	B	×	×	●	●	×	×	●	●	●	●	●	●	●	●	●	●
	AB	×	×	×	×	×	×	●	●	×	●	×	●	×	●	●	●

為什麼生病會傳染？細菌和病毒有什麼不一樣？

咳咳、咳咳。奇怪，是感冒了嗎？為什麼人一感冒就會咳嗽呢？

這是因為不好的病毒進入了身體，然後免疫系統在努力對抗它。好了，今天早點休息吧。

病毒？免疫系統？雖然聽不太懂，但真希望快點治好啊……。

細菌和病毒是完全不同的東西

細菌和病毒侵入人體引起的疾病，稱為傳染病。感冒是現代最常見的傳染病，而其中有9成的情況都是由病毒引起的。不過，會引發感冒的病毒約有超過200種，所以要找出究竟是哪一種病毒造成感冒，是非常困難的事。

這種會致病的細菌和病毒，我們統稱為「病原體」。不過，細菌和病毒其實是兩種完全不同的存在。

我們身邊最代表性的細菌，有大腸桿菌、結核菌、金黃葡萄球菌等等。它們都是引發中毒症狀的可怕細菌，但除此之外也有像納豆菌、乳酸菌等對人類十分有用的種類。

病原體進入體內的傳染途徑

傳染途徑	特徵	感染的例子
空氣傳染	吸入飄在空氣中的細菌或病毒而感染。	結核病、 麻疹、 水痘等
飛沫傳染	吸入因咳嗽或噴嚏而飛散的細菌或病毒而感染。	流行性感冒、 感冒、 德國麻疹、 流行性腮腺炎、 百日咳等
接觸傳染	直接碰觸傳染者， 或經由傳染者用過的手帕或毛巾等物感染。	膿痂疹、 腺病毒感染、 破傷風等
經口傳染	吃到被細菌或病毒汙染的食物而感染。	諾羅病毒、 輪狀病毒等

另一方面，病毒則靠侵入其他生物的細胞，寄生在上面進行繁殖。而病毒的寄生行為就是感冒發燒等症狀的主要原因。

細菌和病毒的大小有很大差異。細菌的大小平均約在1μm（微米，1μm＝1mm的1000分之1）左右，因為他們是只有一個細胞的生物，所以俗稱單細胞生物。相比之下，病毒的大小只有30～150nm（奈米，1nm＝1mm的100萬分之1），雖然同樣被歸類為微生物，但實際上它們並不是生物。

醫院的抗生素只對細菌有效

醫院開處方籤時常見的抗菌藥（抗生素），只能治療細菌引起的傳染病，對病毒並沒有效。人類為了對抗病毒，歷史上曾研發過許多種類的疫苗，並且也確實消滅了諸如天花在內的某些傳染病。

我們的生活，隨時暴露被各種細菌和病毒感染的危險下。而病原體進入人體最常見的途徑，有空氣傳染、飛沫傳染、接觸傳染、經口傳染（上表）。

免疫系統會攻擊並消滅病原體

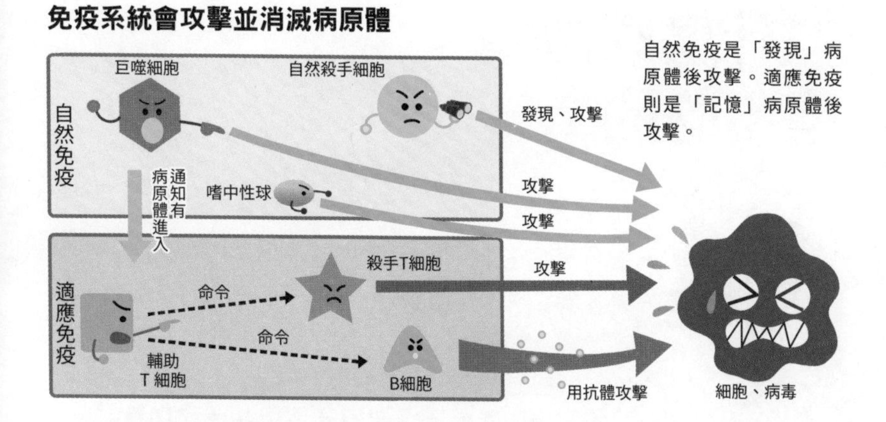

病原體進入人體會發生什麼事？

不過，病原體進入人體後，並不會立刻使我們生病。因為人體內存在著一種會主動攻擊病原體，並將其消滅的「免疫」防衛機能。

免疫可大略分為自然免疫和適應免疫兩種。自然免疫是我們與生俱來的生理機能，會讓我們體內的免疫細胞迅速去攻擊病原體和體內產生的癌細胞。

另一方面，適應免疫機能則會去識別那些自然免疫沒能消滅的病原體的細微特徵，進行更強烈的攻擊。其中一個機制，就是當曾經侵入過人體的病原體再次進入體內時，製造出專門克制該病原體的抗體去對付它。這就是為什麼得過一次麻疹或德國麻疹後的人，不容易再染上相同的疾病。

免疫雖然是一種能保護我們遠離傳染病的強大機制，但這種機制深受我們的身心狀態影響。而保持低壓力的生活和均衡的飲食、適當的運動，都是提高免疫力的重要因素。

為什麼感冒藥是用吃的？

明天要全家出去玩，鼻水卻流個不停……。為了以防萬一，還是多吃點感冒藥吧。

喂，給我慢著。吃藥一定要遵守用藥說明和用量喔。絕對不可以擅自吃太多。

好——，我知道了。可是，藥到底是怎麼生效的呢。為什麼從嘴巴吃進去的藥，卻能治療鼻子和頭的症狀呢？

因為藥的成分會順著血液流到全身，如此一來就能到達患部了喔。

藥物如何抵達患部？

吃藥可以預防身體出現發燒或發冷等不舒服的症狀或疾病。藥物對現代人而言是隨手可及的存在，甚至很多人已把吃藥當成吃飯一樣。然而，藥物都是有副作用的，所以遵守藥物的用法，是保護我們自己非常重要的一件事。

藥物有口服、擦拭、注射、吸入、點滴、眼藥水等各種不同的

藥物從嘴巴吃下到排出體外的過程

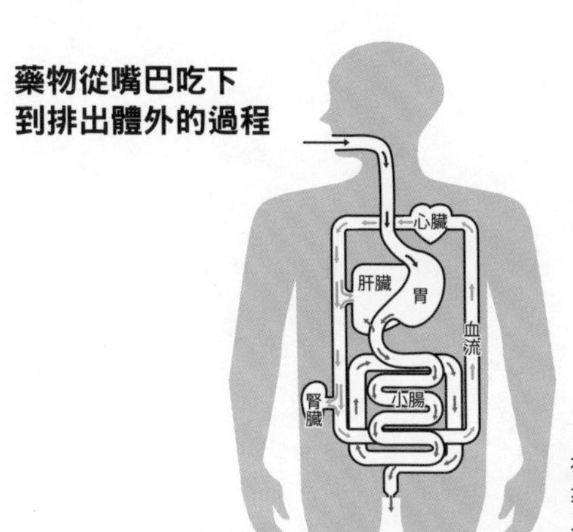

被胃吸收的藥物，一部分會通過小腸，順著血液流到全身。
一部分則會通過肝臟、腎臟進入血液。

施用方法。但無論哪一種，基本上都是透過血液循環將成分送至患部。

下面我們就來看看口服藥的作用方式。首先藥物會經食道進入消化系統，在胃被分解，並在小腸被吸收。然後一部分會經由血液進入肝臟。肝臟具有代謝有害物質的功能，譬如分解酒精的毒素，是與日常生活息息相關的臟器。而到達肝臟的藥物會被當成異物分解掉，並從腎臟排出。

然而，其中一部分會成功闖過肝臟這關，不被人體代謝，順著血流在全身循環。換言之，藥物的研發者早就已經把肝臟的代謝考慮進去。

與細胞結合發揮效用

那麼到達患部後，藥物又是如何生效的呢？在人體各種細胞的表面，都存在著一種由蛋白質構成的受體（receptors）。而藥物便是藉由跟受體的結合而發揮藥效。

另外，藥物又可分為效果完全相反的「激動劑（agonist）」和「抗拮劑（antagonist）」。

激動劑和抗拮劑的作用恰恰相反

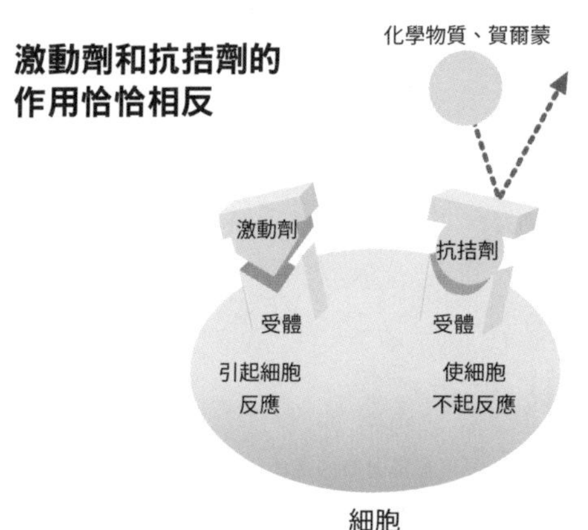

「激動劑」可促進細胞反應，而「抗拮劑」可阻斷細胞反應。
兩者的作用相反，但都同樣是藉由跟受體結合生效。

激動劑會跟受體結合，引起細胞的反應，具有「使細胞更○○」的功用。譬如，控制氣喘的藥物，具有使支氣管擴張的效用。

相反地，抗拮劑則是「使細胞不要○○」，可抑制細胞的反應。最好的例子就是可阻礙會引起過敏症狀的物質（組織胺）的抗組織胺藥物。

副作用的原因

藥物之所以會產生副作用，主要原因是非患部區域的細胞，也具有可跟藥物結合的受體。

抗組織胺藥，雖然能對眼部和鼻子等部位的細胞作用，抑制過敏症狀，但也會跟腦細胞結合。而最麻煩的就是，組織胺也具有使人保持清醒的作用。所以腦細胞的組織胺被阻斷的話，就會產生想睡的副作用。

因為這些複雜的機制，醫學界才常說「吃藥有風險」。所以不隨便亂吃藥，遵守用法和用量，依循醫生和藥劑師的指示服用，是非常重要的。

什麼是癌？
癌症是什麼樣的病？

最近常常看到有名人士在電視上宣布自己得了癌症，原來年輕人也會得癌症啊。

是啊，你真清楚呢。日本人十大死因的第一名，就是癌症喔。每三個人就有一人是因癌症死亡。

現代醫學技術已經那麼發達了，居然還是治不好嗎……。

很遺憾，癌症目前還沒發現決定性的療法。不過，癌症只要早期發現，大多數都能治癒，所以認識癌症究竟是什麼樣的疾病，也很重要喔。

「癌的根源」每天都在產生

人類雖然已經克服各式各樣的疾病，但直到現在，癌症（惡性腫瘤）每年仍在全世界奪走800萬人的性命。

但話說回來，癌症究竟是怎麼產生的呢？首先就從這裡開始說明吧。人的身體，一共由60兆個，或者另一種說法認為由37兆4000萬個細胞組成。然而人體內的細胞都有壽命，而減少的細胞會由其

異常細胞累積太多就會變成癌細胞

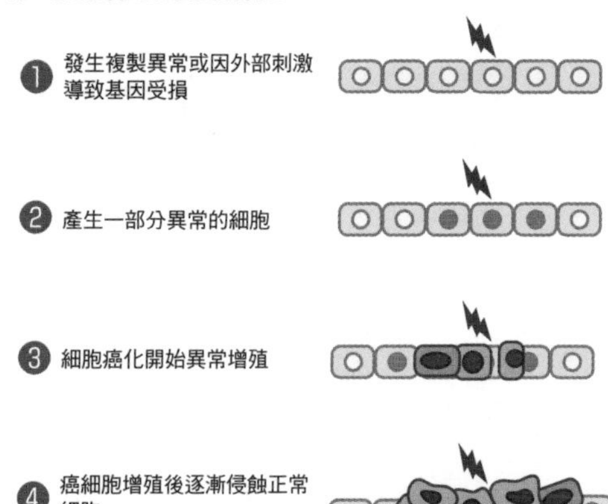

他細胞分裂補上。細胞之中含有基因，正常的細胞會依照基因，填補死亡減少的部分。例如，當皮膚受傷時，皮膚細胞會自動增殖堵住傷口，當傷口治癒後，便會自然停止分裂。

然而，有時細胞分裂的機制會出現錯誤，或是因外部的刺激而造成細胞基因受損，使得細胞無法正常分裂。而這些細胞就會變成癌細胞。

話雖如此，癌細胞不見得全是洪水猛獸。根據醫學界的研究，即使是健康的成人，每天也會產生約5000個左右的異常細胞，然後被消滅。雖然聽起來很可怕，但這恰好證明了人體的免疫機能是多麼可靠的存在。

然而，隨著年齡增長，人的免疫機能會逐漸降低，讓癌細胞變得容易活下來。最後經歷名為「多階段癌變」的過程，演變成癌症。

癌細胞會搶走正常細胞的營養

癌症的可怕之處，是因為它們會進行以下的行為。

①自我增殖：正常細胞會在分裂到一定程度後自動停止，但癌細胞卻會無止境、無規律地分裂下去。

②浸潤：癌細胞會跨越四周細胞的界線增殖下去。例如，在胃表面出現的癌細胞，會逐漸侵入深處，最後到達肌肉。

③轉移：癌細胞會順著血液和淋巴液轉移，到其他部位繼續自我增殖和浸潤。

然而，癌細胞並不會直接攻擊正常細胞，而是在成長時搶走正常細胞所需的營養。然後隨著在人體內愈變愈大，奪走的營養也愈多。所以癌症愈嚴重，人體也會愈來愈消瘦。

長出癌細胞的部位，會無法正常地發揮功能。而隨著癌細胞從一個臟器移動到另一個臟器，最後整個身體都會無法維持生理機能。

被譽為「夢幻抗癌藥」的「納武利尤單抗」

治療癌症的方法，有直接摘除腫瘤的手術、攻擊並殺死癌細胞的放射性療法、以及服用抗腫瘤藥等等。而近年，免疫療法開始成為醫學界的新希望。有「夢幻抗癌藥」之稱的「納武利尤單抗」，便是利用人體原有的免疫力來打倒癌細胞。

癌症愈早發現，治癒的機率就愈高。所以定期進行健康檢查，及早發現才是最重要的。

為什麼X光機可以看穿人體？

我今天上體育課時扭到了腳，去醫院拍了X光喔。雖然聽說沒有骨折鬆了口氣，但X光能看透身體，真的很不可思議呢。

X光啊，是利用一種眼睛看不見的光波來看穿人體的喔。X光這種東西，具有能穿透人體的性質。

好厲害！簡直就像透視魔法呢！

與其說是透視魔法，其實更像皮影戲呢。X光照片，拍的其實是藉由穿透人體時的陰影濃淡喔。

眼睛看不見的光「X光」

即使不用手術刀，X光機也能清楚看見體內骨骼和內臟狀態。X光照片的拍攝，是運用X光這種肉眼看不見的光。X光是1895年，由德裔物理學家威廉・侖琴發現的。X光機的日文「侖琴機」，便是來這位學者的名字。

X光就跟電視和手機的電波、太陽的紫外線一樣，都是電磁波的

電磁波可以波長分類

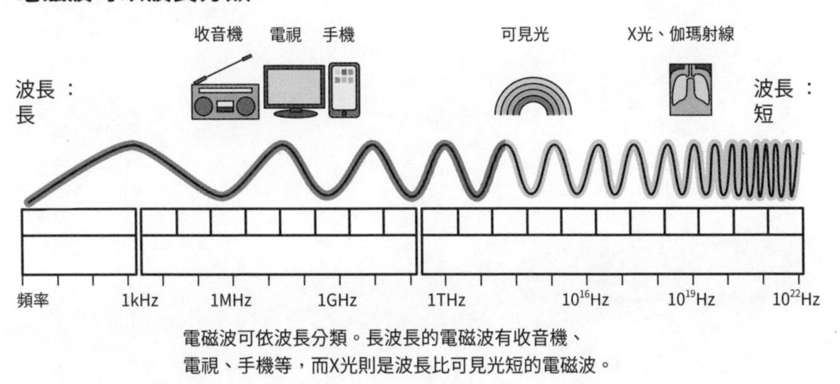

電磁波可依波長分類。長波長的電磁波有收音機、電視、手機等，而X光則是波長比可見光短的電磁波。

一種。電磁波會像波浪一樣振動前進，且性質會因波的長度而異。波長愈短則能量愈高，愈容易穿透物質。

X光的波長比電話電波、紅外線、紫外線等電磁波都短，穿透物體的能力非常強。即使是人體，也能輕易地穿透。

只有骨骼是白色，其他部位是黑色的原因

當然，X光不是所有物體都能輕易穿透。人體內有骨骼、內臟、肌肉等各種不同的組織，且它們所含的元素種類與密度都不一樣，所以X光能穿透的程度也不相同。譬如X光雖然能輕易穿透內臟和肌肉，卻無法完全穿過骨頭和牙齒等密度高的物質。

X光照片，是將人體放在X光放射裝置和專用底片之間，然後讓X光穿透人體拍成的相片。X光可穿透的地方在會變黑，而無法穿透的地方就會是白色。所以，X光不容易穿透的骨頭和牙齒會是白的，而容易穿透的內臟和肌肉在照片上會是黑的。

X 光機的拍攝原理

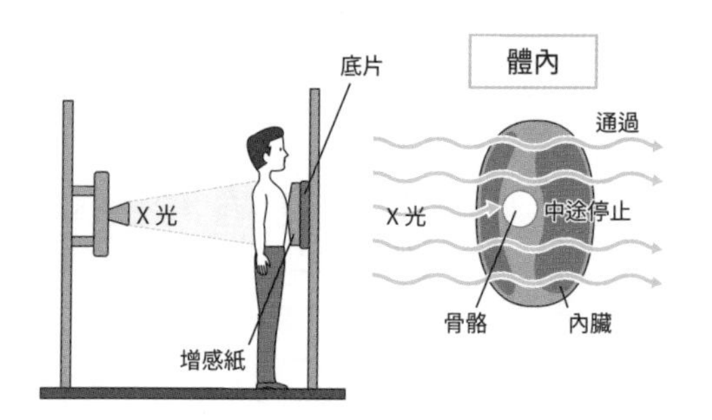

X光機的底片，照射到X光就會變黑。用X光照射人體，由於X光會大量穿透內臟和肌肉，所以該部分拍出來會是黑的。另一方面，由於X光幾乎無法穿過骨頭，所以拍出來會是白的。

除了醫療外也被運用在許多領域

X光是放射線的一種。細胞暴露在大量放射線下就會受損，對人體產生危害。而X光被發現之初，人們並不知道X光對人體的不良影響，因此對研究者的健康造成了許多危害。在醫療的時候，為了盡可能不對病患身體造成負擔，所以X光的照射量有嚴格限制，可以放心接受檢查。但我們還是應該認識X光的性質。

X光的強大穿透力除了在醫療領域，也被運用在許多不同的領域。例如機場的行李檢查、或是用來檢查建築物內部龜裂的非破壞性檢查。此外，在X光天文學的研究領域，X光也被用來拍攝肉眼看不見的黑洞。雖然放射線往往給人不好和可怕的聯想，但若運用得當，也能給人們帶來許多便利。

第6章
大自然和
宇宙的科學

為什麼天空是藍的？為什麼傍晚時會變紅？

今天天氣很晴朗，感覺很舒服呢。簡直就跟字面一樣，是萬里無雲呢。

天氣的確很好呢。話說回來，為什麼天空是藍色的呢？天空上面的空氣，難道是藍色的嗎？

空氣是沒有顏色的喔。天空之所以是藍的，跟陽光到達地表的距離和光的性質有關。其實，太陽光是由7種不同顏色的光混合在一起的喔。

太陽光由7種顏色混合而成

我們頭上的天空為什麼是藍色的，你有思考過這個問題嗎？而且，天空並非總是藍色的，在傍晚時會變成紅色，日出和日落的瞬間則是深藍色。

這各種不同的天空顏色，其實都是來自太陽光。陽光平常看起來是白色的，其實是由紅、橙、黃、綠、藍、靛、紫這7種彩虹的代表色混合而成。因為這7種顏色混在一起會變成白光，所以看起來才是白色的。

那麼，太陽的白光通過的明明是透明的空氣，為什麼天空看起來卻是藍的呢？

藍光撞上分子後散射

光的波長愈短，散射愈強。波長最長的紅光即使撞到大氣中的分子也會直線前進，但波長短的藍光撞上後朝四面八方散射，在天空四散。遠遠看上去就會是藍色的。

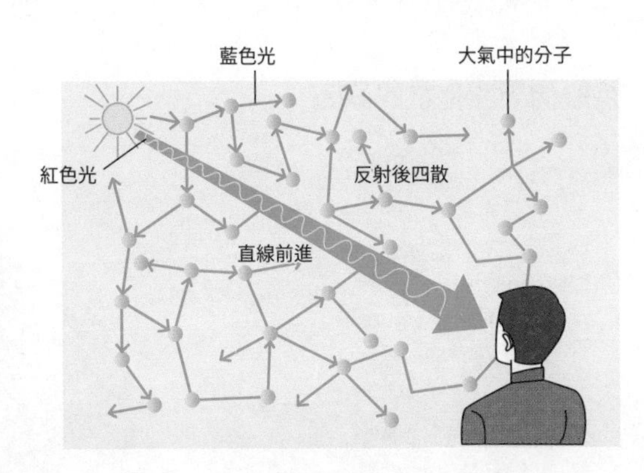

陽光會撞上大氣中細微分子

光是電磁波的一種，會一邊像海浪般振動一邊前進。而且，太陽光中的所含7色光，各自的振動幅度，也就是波長都不一樣。紅色光的波長最長，然後依次為橙光、黃光、綠光、藍光、靛光、紫光，愈來愈短。

太陽光通過大氣層才能來到地表，但大氣中存在著如氮氣分子和氧氣分子等細小的微粒。而陽光撞上這些障礙物後，會發生反射或折射，往四面八方散掉。此時，波長愈長的光，愈不容易被障礙物影響，會直線前進；而短波長的光會被障礙物影響，往四面八方散去。結果，只有短波長的藍光在天空擴散，在身處遠方的我們看來，天空就變成藍色的。這個現象是由1904年獲頒諾貝爾物理學獎的英國物理學家瑞利男爵發現的，所以又被稱為「瑞利散射」。

但你一定會納悶，按照這理論，為什麼我們看到的不是波長更短的紫光和靛光呢？科學家認為，這是因為紫光和靛光波長實在太短了，早在更高的高空就散射掉，而且人眼對紫光和靛光比較不敏感所致。

傍晚的天空是紅的原因

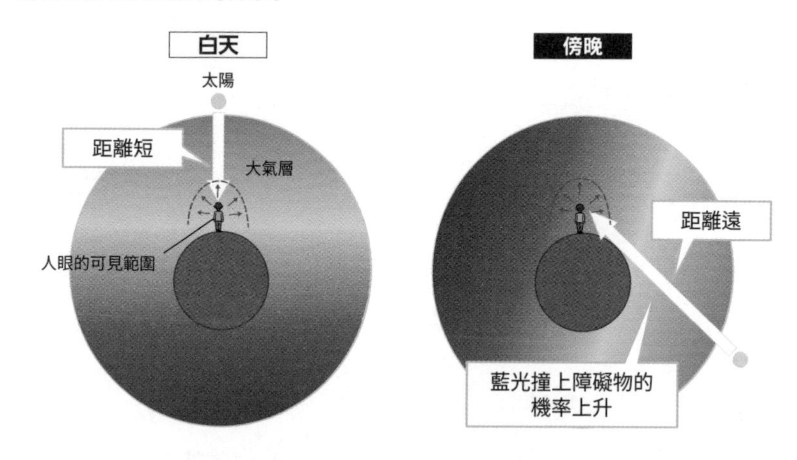

日出和日落時，太陽光通過大氣層到達人眼的距離比白天更長。波長短的藍光在遠方就散射掉，但波長長的紅光不會散射，可筆直到達。所以，天空看起來是紅的。

傍晚的天空為什麼會變紅？

那麼，明明有瑞利散射的現象，為什麼傍晚的天空看起來卻是紅的呢？這跟太陽光可到達的最遠距離有關。

我們離太陽的距離，日出和日落的時候比白天更遠。所以藍光前進到一半時就已經散射掉，在遠方就已幾乎消失。另一方面，紅光幾乎不會散射，可以完整地到達我們眼中。藍光無法到達我們的眼睛，而紅光可以，所以天空看起來會是紅的。

為什麼會打雷？

好大的雨喔。啊，天空剛剛閃了一下！我最怕打雷了。為什麼會打雷呢？

雷的真面目是雲內產生的靜電喔。當靜電累積得愈來愈多，再也容納不了時，電就會落到地面。

靜電就是在乾燥的冬天常常發生的那個？可是靜電跟雷電，威力完全不一樣耶……。

雷的真面目就是靜電

打開車門碰到門把時，我們的手有時會被靜電電到。雖然威力完全無法相提並論，但雷的真面目也同樣是靜電。天空中到底是怎樣產生靜電的呢？其中的祕密就在於，暖空氣會往上跑，而冷空氣會往下跑的性質。

白天的時候，暖空氣會化為上升氣流往高空移動。而高空充滿冷空氣，上升氣流會在這裡冷卻，使暖空氣中所含的水蒸氣變成水滴。這就是雲。

雲上升到更冷的高空後，最終會變成冰粒。雲中的冰粒互相撞擊摩擦，便產生了靜電。這就跟我們用墊板摩擦頭髮時會產生靜

雲內積蓄的電會流向地面

雲中漂浮著結冰的微粒，冰粒互相碰撞會產生靜電。帶正電的靜電會移動到雲的上方，而負的靜電會移動至雲的下方。當靜電持續累積，多到雲無法負荷時，就會釋放到地表。這就是落雷。

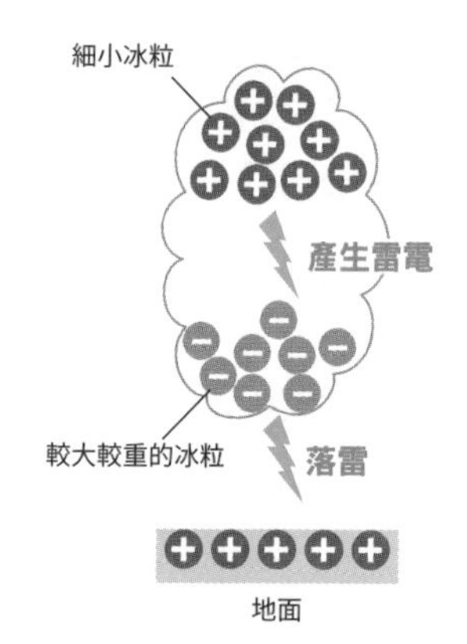

電，使頭髮被吸起來是一樣的原理。物體跟物體摩擦，就會產生靜電。

雲中的靜電中，正電會移動到雲的上方，而負電會往下方移動。期間冰粒會繼續摩擦，讓雲內的電累積得愈來愈多。然後，當累積的電超過雲的負荷後，就會逃往地面。這就是我們俗稱落雷、打雷的現象。

遠方的雷，還是附近的雷？

打雷時常常會連帶聽到啪哩啪哩，或是轟隆轟隆的巨大聲響，這些聲響真面目其實是空氣的振動。電要通過平常難以通過的空氣，需要難以想像的巨大能量，所以雷電周圍的溫度高達3萬度。周圍的空氣被一瞬間加熱膨脹，空氣膨脹時的振動，傳到耳朵時就是轟隆轟隆的雷鳴。

順帶一提，我們可以從打雷時的閃光和雷聲，判斷與落雷的距離。因為雷聲的傳遞速度約為每秒340公尺，而光幾乎瞬間就能到達眼睛，所以只要計算看見閃光後幾秒才聽到雷聲，便可算出距離。譬如看見閃電後10秒才聽到雷聲，代表雷的源頭距離我們約有340公

待在戶外時
避雷方式

距離電線杆4公尺以上，但抬頭45角看不到電線杆頂的位置，蹲低身體。雖然低頭壓低姿勢很重要，但因為電流也會通過地面，所以要記得別用手和膝蓋觸地。

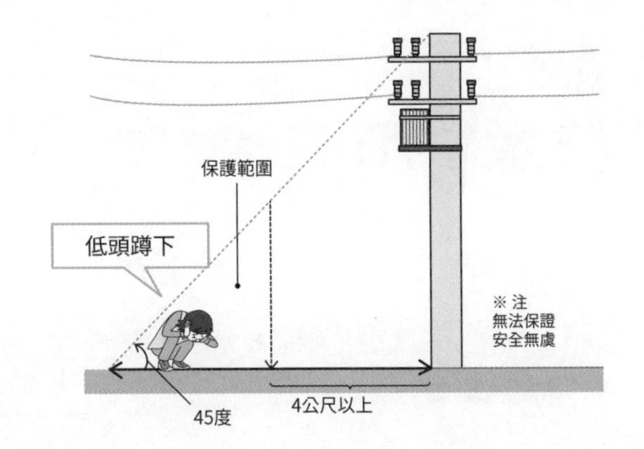

尺×10秒，也就是3.4公里。

如何在開闊的地方保護自己不被雷擊？

打雷的可怕之處，就是不知道到底會集中哪裡。要打雷前的徵兆，有低沉的烏雲、冷風大吹、以及下冰雹等等。一旦感覺快要打雷，最好的方法就是躲進建築物內。

在廣場或露營區等地方遊樂時，最好事先掌握可避難的場所。而在露營區最容易犯的錯誤，就是在打雷時躲到樹下。因為閃電一旦集中樹木，躲在下面的人也同樣會觸電。

另外像電線杆和鐵塔下也一樣很危險。不得已只能躲在樹下或電線杆下時，必須離樹幹或杆柱4公尺遠，且以45度角仰望無法看見樹頂的距離比較安全。另外也應該盡量蹲低身體，但因電流也會通過地面，所以別忘記用手或膝蓋、屁股等接觸地面也很危險。

為什麼日本有梅雨？

今年的梅雨季好像會延長呢。不過，種植水稻需要大量的水，所以梅雨在農民眼中也是上天的恩惠喔。

可是一天到晚都在下雨真的很無聊耶！為什麼日本會下梅雨呢？

梅雨是冷空氣團和暖空氣團互相推擠造成的喔。你有聽過「氣團」這個詞嗎？

日本的北方和南方各有一團巨大的空氣

梅雨，是指春夏交替之際所下的長雨。觀察這個時節日本列島周圍的氣壓狀態，會發現北方籠罩著替日本帶來濕冷東北風的「鄂霍次克海氣團」。而南方則有以小笠原諸島為中心，帶有濕暖空氣的「小笠原氣團」。

所謂的氣團，就是帶有相同溫度、濕度的空氣團。冬季到春季，是冷空氣的鄂霍次克海氣團帶有優勢，但愈靠近夏季，帶暖空氣的小笠原氣團會逐漸北上，使南北兩大氣團發生碰撞。

而這兩大氣團僵持不下的交界處，就是「梅雨鋒面」。

冷空氣和暖空氣相撞時就會下雨

冷空氣和暖空氣相撞時，因為暖空氣較輕，會被冷空氣擠到上方。而暖空氣上升後，就會在鋒面附近形成雲團，在下方區域降雨。

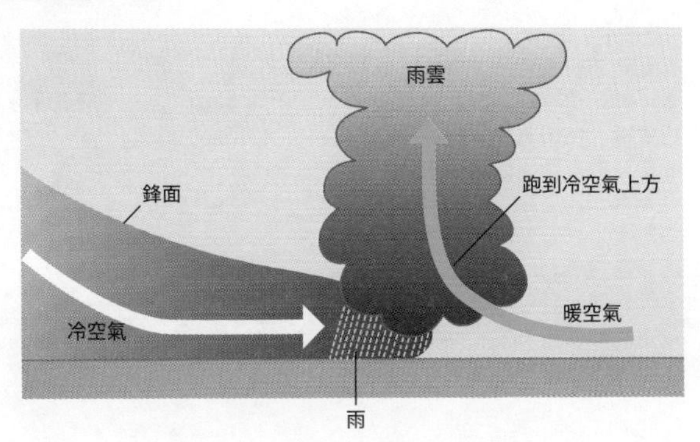

冷空氣和暖空氣的角力

在梅雨鋒面上，濕暖的空氣會從南方流入，而北方吹的則是涼爽的冷風。冷空氣和暖空氣一旦發生碰撞，較輕的暖空氣就會被擠到沉重的冷空氣上方。這時候，往上爬的暖空氣會冷卻降溫；而當溫度改變，空氣中可容納的水蒸氣含量也會變化。愈溫暖的空氣可以容納愈多的水蒸氣，而空氣愈冰冷則可容納的水蒸氣愈少。

所以在鋒面附近的天空，被冷卻的暖空氣中的水蒸氣會凝結成水滴，然後化為雲團。於是，雲團降下雨水。

愈接近夏天，小笠原氣團的勢力就變得愈強大，鄂霍次克海氣團會被推往北方，但此時冷空氣和暖空氣依舊在互相交戰。這便是梅雨，日本雨下個不停的原因。

梅雨季的開始宣告與結束宣告

梅雨在日本是從沖繩開始，換言之進入梅雨季後，梅雨鋒面會從沖繩沿著日本列島北上，最後在北海道前消失。那麼，進入梅雨季的條件是什麼呢？

影響日本列島的五大氣團

當空氣滯留在大陸或海上，就會形成帶有特定溫度和濕度的空氣團，俗稱氣團。日本的附近，分別有低溫低濕的西伯利亞氣團、低溫高濕的鄂霍次克海氣團、高溫低濕的揚子江氣團、高溫高濕的小笠原氣團和赤道氣團。因為被夾在眾多性質各異的氣團之間，日本的氣候才會這麼不穩定。

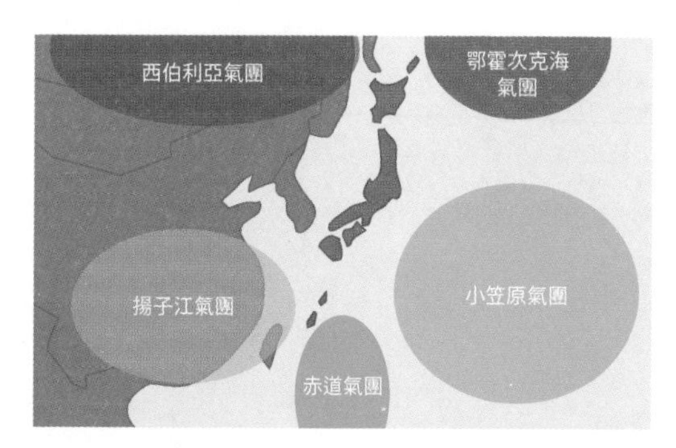

目前日本對梅雨的暫時性定義是連續2天放晴後，受到梅雨鋒面的影響，自前天起連2天持續下雨，且1週內有5天以上為雨天或陰天。然而，實際上日本氣象廳近年已不再對公眾「宣告」梅雨季的開始。近年氣象廳對外的用詞已改用「預期將進入梅雨季」。

另一方面，要判斷梅雨季是否已經結束，也同樣十分困難。這是因為經常發生明明已放晴了好幾天，結果梅雨鋒面又突然倒退，由晴轉雨的情況。一般來說，當確定梅雨鋒面不會再返回該地區，或是氣象預報判斷未來1週將持續放晴時，就代表梅雨季已經結束，但這個標準依然十分模糊。因此日本氣象廳會在每年9月時重新檢討當年5至8月的梅雨季觀測結果，決定當年入梅、出梅的確定日期，留下紀錄。

為什麼海有滿潮和乾潮？

我上個星期天跟家人一起去了海水浴場，早上明明還看不太到沙灘，回家時沙灘卻變得好大一片。是錯覺嗎？

這是因為潮汐從滿潮變成了乾潮呀。海水的水位會在一天內不斷移動。這跟月亮和太陽有很大的關係。

原來海水是會移動的啊！我還以為海水的水量那麼大，應該不會變少的說。

月球的引力會移動海水

明明早上還可以到遠處的沙灘挖牡蠣，但到了下午海水就已淹到膝蓋，只得趕快跑回岸邊，你有沒有過這種經驗呢？這是潮汐的漲退造成的現象，而趁退潮時到海邊撿魚貝的活動，就叫做「拾潮」。每天，海水的水位都會以緩慢的速度有規律地漲落2次。

當海水的水位上升，也就是海水幾乎把沙灘淹沒的狀態，就叫做「滿潮」；而當海水水位下降，退到近海附近的狀態，就稱為「乾潮」。

這種現象主要跟月球的引力有關。地球面向月亮一側的海水，會被月球的引力拉起，造成滿潮。此時，地球的另外一面，譬如當

潮汐的乾滿與月球位置的關係

海水會被月球的引力吸引。面向月球的海水會被引力拉起，使海水位變高（滿潮）。而相反側的海水因引力較弱，所以會累積在原處，同樣是滿潮。而與地心的連線跟月球引力方向垂直的地區，海水位則會降低（乾潮）。

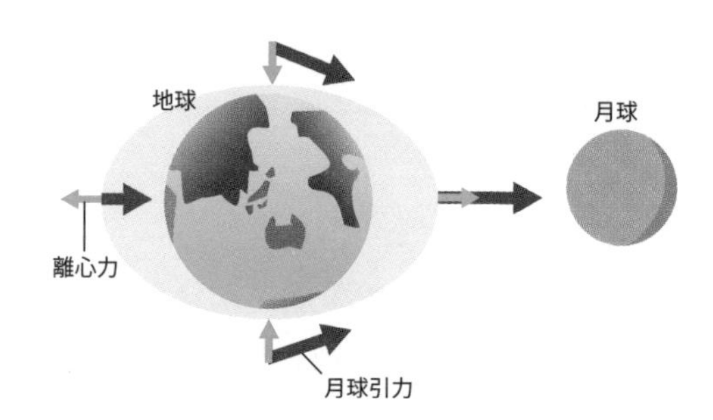

月球位在日本這一側時，巴西的海水由於月球的引力較弱，所以不會被吸走。換言之，位於地球另一面的海水也跟面向月球的海水一樣會是滿潮。而引發這種現象的力量，就稱為「潮汐力」。

與月球到地心垂直的地區海水位較低

而所謂的乾潮，則發生在與地心和月球的連線垂直的地區。這些地區的海水因為被月球吸走，所以海平面會降低。

精準地說，月球繞地球一圈需要24小時又50分鐘。而海水位的潮汐變化，從滿潮到下一個滿潮、乾潮到下一個乾潮，大約間隔12小時又25分鐘。

順帶一提，全世界潮汐變化最大的地方，是加拿大的芬迪灣，滿潮和乾潮的水位差了15公尺之多。而想造成如此規模的潮汐變化，必須有非常大量的海水被移動，其總量高達驚人的1600億噸。而日本太平洋一側的滿潮和乾潮水位差，平均只有約1.5公尺。日本國內潮汐差最大的地點，是佐賀縣有明海的住之江附近，約有5.6公尺。

太陽與月球的相對位置引起的大潮和小潮

當地球位在月球和太陽連成的直線上時，月球和太陽的潮汐力會互相加成，使當天的滿潮和乾潮位差更加明顯（大潮）。而地球、月球、太陽連成直角三角形時，因為潮汐力方向互相垂直抵消，所以滿潮和乾潮的潮位差最小（小潮）。

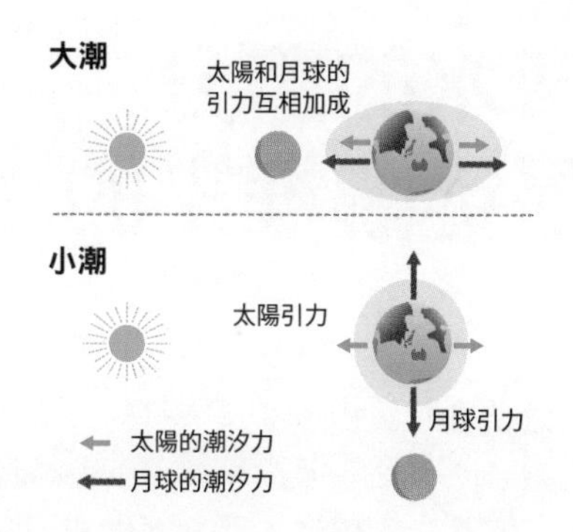

太陽引力也會吸引海水

不只是月亮，地球和太陽之間也存在潮汐力。地球表面所受的太陽引力只有月球的一半，但隨著太陽與月球的相對位置，兩者的引力有時會互相抵銷。這時，無論滿潮或乾潮，幅度都會變大或變小。

當太陽、月亮、地球排成一直線時，由於引力方向平行，滿潮和乾潮會變得更明顯。這稱為「大潮」，發生在新月或滿月的時候。而當月球、太陽、地球排成直角三角形時，則稱為「小潮」。此時太陽和月球的潮汐力方向垂直、互相抵消，所以滿潮和乾潮會變小。這發生在下弦月或上弦月，也就是半月的時候。

潮汐的漲退對人類既有好處，也會帶來災難。所以靠近海邊時，一定要隨時留意潮汐的資訊和天氣。

海水的鹽分
是從哪裡來的？

我之前不是去了海水浴場嗎？我在那裡問了我爸爸「海裡的鹽是從哪裡來的？」，結果我爸爸說他也不知道。那老師你知道嗎？

要解答這個問題，必須從46億年前地球誕生的時候說起。那今天我們就來聊聊海洋的誕生吧。

要從哪麼久以前說起嗎？海洋那麼大，我還以為一定是哪裡有鹽噴出來呢。

「鹹味」的來源是氯和鈉

海水含有各式各樣的元素。像是硫、鎂、鈣、鉀、碳、溴……等等，其中含量最高的則是「氯」和「鈉」。氯和鈉結合會形成氯化鈉，也就是鹽的主要成分。每100克的海水，約含有3.4克的鹽，所以海水舔起來才會鹹鹹的。

至於海水中的鹽分來源，可追溯至地球剛誕生的46億年前。太古的地球表面還沒有含水的海洋，而是一片含有各種礦物質的岩漿海。覆蓋地表的大氣含有水蒸氣、氫氣、氯氣等氣體，在地球冷卻下來後，大氣中的水蒸氣才變成水，化為大雨降落到地面。而由於這些雨水中溶有大氣中的氯，所以地表上積滿了含有氯的水。這些

海洋誕生的過程

①地球誕生之初，表面覆蓋著融熔狀態的岩石，也就是岩漿。而大氣中富含水蒸氣、碳酸、氮氣等氣體。

②地球冷卻後，水蒸氣變成水，形成富含氯的酸性雨降下地表。最後聚積成海洋。

③酸性的海洋溶解出岩石內的鈉，變成含有氯化鈉的水。這就是現今富含鹽分的海水。

水後來就變成海洋。

海水的鹽分濃度是均勻的嗎？

這些含有氯的海水，最初帶有很強的酸性。然而，被早期海水淹沒的岩石中的鈉元素逐漸溶於海水，使強酸的海洋慢慢被中和。就這樣，鈉元素溶入富含氯元素的海水後，就變成了氯化鈉。於是跟現在一樣帶有鹹味的海水便誕生了。儘管海洋的歷史非常悠久，但令人驚訝的是除了地表被冰河覆蓋的冰河期外，其鹽分濃度幾乎沒有什麼變過。

不過，「海水的鹽分濃度沒有變過」這命題，只適用於地球的海洋整體，每個地區的鹽分濃度其實是不一樣的。譬如，在經常下雨的地區和有大河流經的地區，由於有大量的淡水進入，所以鹽分濃度較低。相反地，在海水蒸發旺盛的熱帶地區，鹽分濃度會比較高。

另外，鹽分濃度高的海水比較重，會沉到海底深處；而鹽分濃度低的海水則會浮到海的淺層，所以海水的鹽分也會隨著深淺而

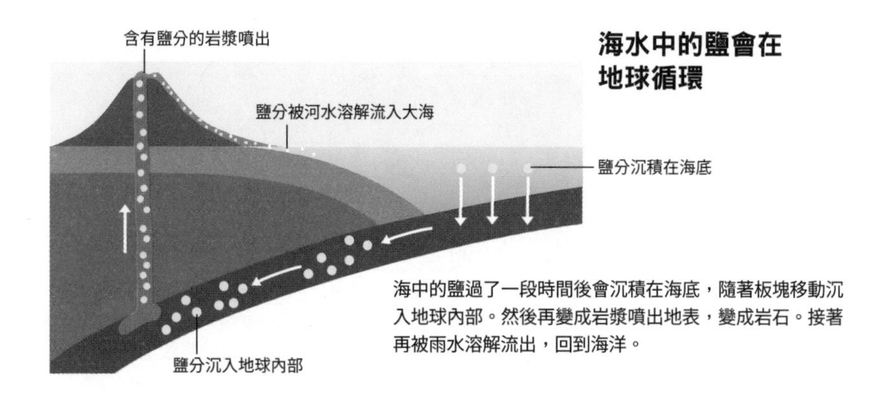

海水中的鹽會在地球循環

海中的鹽過了一段時間後會沉積在海底，隨著板塊移動沉入地球內部。然後再變成岩漿噴出地表，變成岩石。接著再被雨水溶解流出，回到海洋。

變。同時，海水的鹽分濃度也會受到日曬加溫和深海冷卻的影響，來回下沉和上浮。除此之外，也會受到西風和洋流的影響在全球循環。

鹽的成分也會在地下循環！

也有一說認為，海水的鹽分會進入地底。海洋位在俗稱板塊的岩盤上方，而板塊會一點一點地沉入地球內部，變成高溫的岩漿。然後岩漿又會隨著火山爆發而衝出地表，冷卻凝固成岩石。接著經過雨水漫長的沖刷，使得其中的鹽分被溶出，流入河川，最後回到海洋，完成漫長的循環。

為什麼日本這麼多地震？

電視上說南海海槽和東京30年內很可能發生大地震耶。究竟為什麼會有地震呢？

地震是由地面下方名為「板塊」的岩盤滑動所引起的。而日本列島正好位在4塊板塊的交界處喔。

這就是日本常常發生地震的原因嗎？總覺得好恐怖喔。

地球的表面覆蓋著板狀的岩盤

地球的表面就像拼圖一樣，由十幾塊「板塊」所拼成。

把地球從中間剖開，中間是地核，地核外包裹著地函，最外面才是地殼。地殼就是我們所見的海洋和陸地，也就是地球的最外層。其中，地殼和上部地函是一塊堅硬的板狀岩盤，俗稱為板塊。

如果板塊是靜止不動的，那麼地震就不會發生。然而，板塊會以每年幾公分到幾十公分不等的速度緩慢移動。

大陸板塊與海洋板塊會互相推擠

地球的每個板塊都各自往不同方向移動，所以板塊與板塊交界的地方，會發生激烈的推擠。此時，從海洋往陸地移動的板塊（海洋板塊）會沉入陸地板塊（大陸板塊）的下方，而大陸板塊會被海洋板塊推開。大陸板塊雖然也努力想回到原來的位置，但由於海洋板塊的推力較大，所以大陸板塊會不斷被推擠。此時，板塊就會彎曲變形。起初這個便變形很小，但經年累月，變形程度會愈來愈大。最後，當變形幅度到達極限時，大陸板塊會一口氣跳回原來位置。此時發生的搖晃就是地震。

日本列島周邊的 4 塊板塊

日本列島周圍，共有海洋板塊的太平洋板塊、菲律賓海板塊，以及大陸板塊的北美板塊、歐亞板塊等4塊板塊相接。而日本正好位於這4塊板塊的交界處，這就是日本經常發生地震的原因。

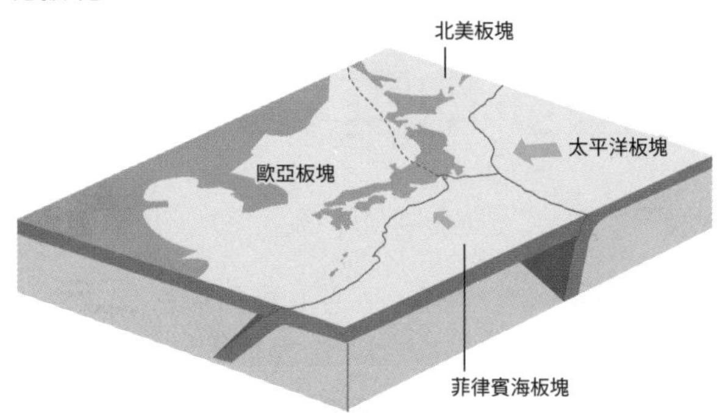

日本列島下有4塊板塊在互相推擠

日本列島周圍的地底下，共有歐亞板塊、北美板塊、太平洋板塊、以及菲律賓海板塊等4塊板塊相接，互相推擠、拉扯著。綜觀全球，也很難找到其他有這麼多板塊相接的地方。換言之，日本是個特別容易發生地震的國家。

2011年的東北地方太平洋近海地震（東日本大地震），便是大陸側的北美板塊被沉入日本海溝的太平洋板塊拉扯，長期累積的板塊變形一口氣解放造成的「海溝型地震」。不僅如此，在這場地震中大幅滑動的大陸板塊的海底發生劇烈變動，引起了巨大的海嘯。

地震發生的原因

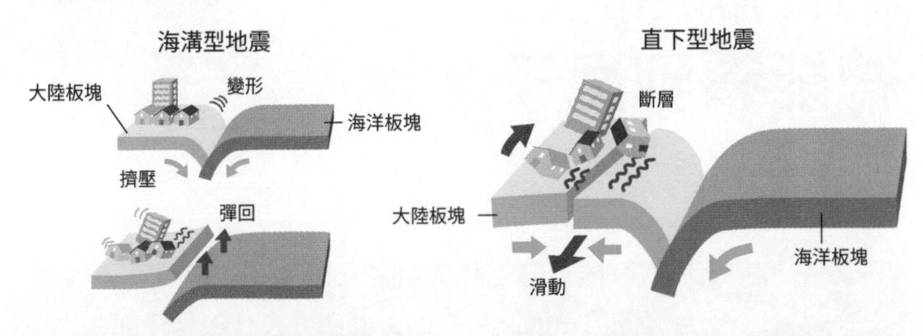

海洋板塊會拉扯大陸板塊，當大陸板塊經不住拉扯，彎曲到極限而彈回時，就會發生搖晃。

板塊持續互相推擠後， 大陸板塊會出現龜裂（斷層）。 當斷層出現時會急速滑動， 引發地震。

地震除了海溝型地震外，還有「直下型地震」。直下型地震是板塊無法承受變形，內部出現龜裂，突然滑動而引發的地震。這種板塊龜裂而產生的斷裂處，就稱之為「斷層」。

與海溝型地震相比，直下型地震的規模比較小，但由於往往發生在人口聚集的陸地正下方，所以會造成很大的損害。例如1995年的兵庫縣南部地震（阪神淡路大地震）就屬於直下型地震。未來還可能繼續活動的斷層稱為「活斷層」，而日本列島據說有超過2000處的活斷層。

為什麼月亮上總能看到兔子？

滿月的時候月亮上總能看見一隻兔子，但我卻從沒看過月亮的另一面。月亮的背面到底長什麼樣子呢？

因為地球總是位於月球的同一側，所以你只能看到兔子而已喔。

咦，為什麼？月亮不是繞著地球轉的嗎，為什麼會看不到背面呢？

這跟月球的自轉和公轉週期有關。自轉就是天體自己原地旋轉，而公轉則是天體繞著另一個天體的週期性旋轉。

從地球只能看見月球的正面

仰望懸浮在夜空中的滿月，常令人有種風雅的情調。由於賞月的雅緻風俗，日本人自古以來便喜愛月亮。

滿月時月亮表面可見的紋路，在日本被描繪為搗麻糬的兔子。可是，若稍微思考一下，我們在滿月時看到的總是相同的兔子圖案，不覺得很不可思議嗎？從宇宙俯瞰地球時，我們常常只把注意

我們永遠只能看到月亮的同一面

月球的公轉週期和自轉週期相同。若月球在公轉軌道上以45度移動，月亮本身也會以45度旋轉，所以永遠只能看到同一面。

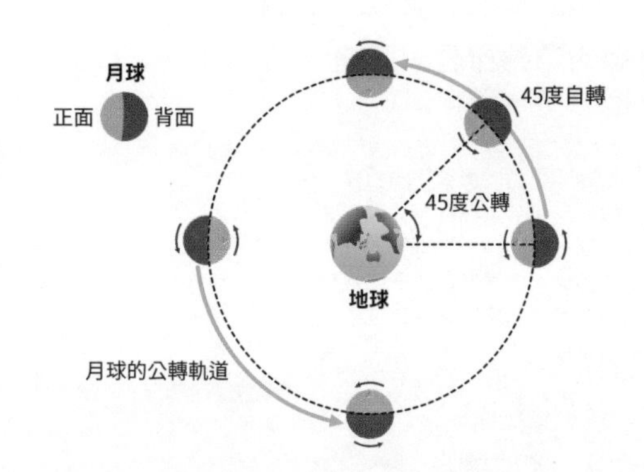

力放在自己的國家上，但有時也會想換個心情，看看美洲或歐洲大陸。

有的人可能以為，我們之所以看不到月球的背面，是因為「月球不會自轉」，但這是錯的。如果月球不會自轉，繞地球轉一圈的話，照理說反而能看見背面才對。這點只要做個實驗就知道了。準備一個球狀的物體，在上面畫上記號，然後讓球不要旋轉，拿在手上繞著自己轉一圈看看。是不是轉著轉著就看不到記號了？接著，再讓球的印號持續面對自己，同樣繞一圈，便會發現球自己也必須旋轉才行。一如這個實驗，正因為月球會自轉，所以我們才只能看到它的正面。

月球的自轉和公轉週期相同

為了更清楚地理解其中原理，下面就來解釋一下自轉和公轉的週期。其實，月球的自轉和公轉周期都是約27.3天。若這兩個週期不一樣，我們就可以從地球看到月球的背面。

地球的自轉週期約為24小時，公轉週期約365天，兩者有著巨大的差異；相較之下，月球的自轉和公轉週期完全相等。這不是巧合，而跟地球吸引月亮的引力有關。

月球的自轉和公轉週期永遠保持一致

月球在地球引力的影響下被拉長，變成橢圓球形。當橢圓球體的長軸偏離地球的中心時，地球引力就會把它拉回來，對齊自己。所以月球的自轉週期總是會自動修正成跟公轉週期一致。

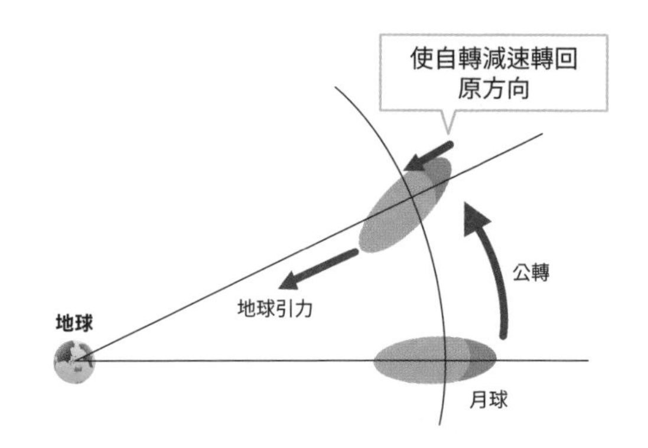

月球受地球的引力影響，實際上是一個稍扁的橢圓形，且這個橢圓的長軸與地球垂直。當月球的自轉和公轉週期不一樣時，長軸的角度就不會與地球垂直；此時，地球的引力會作用，把角度修正回來。科學家認為，就是這股力量使得月球的自轉和公轉週期永遠保持一致。自轉和公轉週期一樣的衛星不只有月球，例如木星的木衛一和木衛三、土星的土衛六，不少行星的衛星都是如此。

人類第一次看見月亮的背面，是在1959年，蘇聯的無人探測機從上空拍到的照片。2019年時，中國的無人探測機在人類史上第一次成功降落在月球背面，蔚為話題。根據科學家們的研究，月球背面的地殼比正面更厚，到處都是隕石的撞擊坑。如果沒有月球的保護，說不定其中一些隕石本來會掉在地球上呢。

為什麼我們能看到幾億光年外的星星？

前陣子國際研究團隊成功拍到了黑洞的照片喔。人類第一次用肉眼確認了黑洞的存在，可說是歷史性的成果呢。

為什麼科學家可以知道遠方的星星發生了什麼事呢？是用望遠鏡看到的嗎？

因為星星會發出電波啊。而有種特殊的望遠鏡可以觀察到電波。它們就叫電波望遠鏡喔。

如何看見肉眼看不見的星星

在天文學的領域，經常需要研究距離我們數億光年外的天體。相信很多人都曾感到疑惑，天文學家們究竟是如何觀測、拍攝距離我們如此遙遠的現象吧。

我們一般熟知的天文望遠鏡，叫做「光學望遠鏡」，可以蒐集星體發出的可見光（肉眼看得到的光）來觀測星體。然而，宇宙中的天體，除了可見光外，還會發出各種波長的電磁波。譬如拍X光片時所用的X光、遙控器用的紅外線、手機和電視機用的電波……它們全都跟可見光一樣，屬於電磁波這個大家族。不過，人眼是看不到它們的。

光學望遠鏡與電波望遠鏡

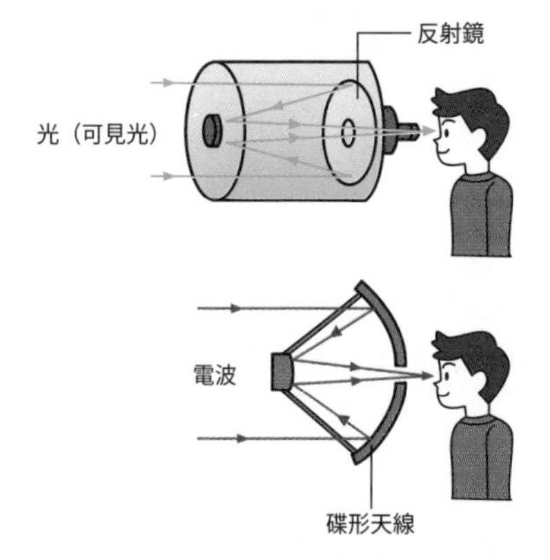

光學望遠鏡

光學望遠鏡可蒐集天體發出的可見光。反射鏡的口徑愈大，對光的蒐集力愈強。

電波望遠鏡

電波望遠鏡是用碟型天線蒐集天體發出的電磁波。可將捕捉到的電波轉換成電子訊號，分析後轉換成圖像。

如果人類除了可見光外，也能看見其他波長的電磁波，就可以觀察更多肉眼無法辨識的星星。基於這個想法，科學發明了一種可以捕捉電磁波來觀測天體的機械，就是「電波望遠鏡」。將原本人眼不可見的電磁波可視化後，科學家們就能觀測各種星體和星雲、星塵等物質。

電波望遠鏡的原理與衛星電視相同

電波望遠鏡的運作原理，跟家庭用的衛星電視十分相似。電波望遠鏡由一具負責蒐集電波的碟型天線、將電波轉換成電子訊號並放大的接收機、以及記錄電子訊號的記錄器所組成。話雖如此，由於宇宙天體傳到地球電波非常微弱，所以兩種設備的規模完全不能相比。電波望遠鏡需要非常巨大的天線，目前位於中國的世界最大的電波望遠鏡，天線直徑就高達500公尺。

隨著電波望遠鏡的性能逐漸提升，人類也愈來愈了解只憑光線無法看見的銀河系的活動，以及恆星誕生的過程。然而，電波望遠鏡也有缺點，那就是在人類發出的電波較多的場所，難以發揮性

成功拍到黑洞的 VLBI 測量法

合成相隔遙遠的數座電波望遠鏡的觀測資料，結合成一個觀測資料來分析的方法，稱為VLBI（特長基線干涉）測量法。當數座望遠鏡觀測同一個天體時，由於不同觀測地點離天體的距離不同，所以會產生微小的時間差。科學家們運用原子鐘精準地算出這個時間差，再加入計算內，便可進行更精細的觀測。

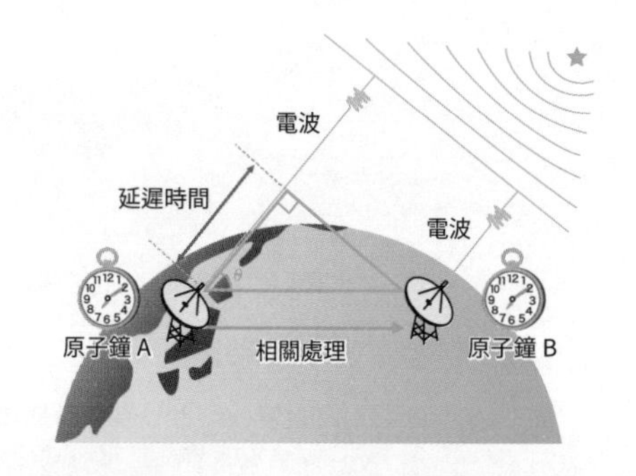

能。另外，來自天體的伽瑪射線和X光等電磁波，由於容易被大氣吸收，所以也觀測不到。因此，科學家才想出了把天文望遠鏡射上太空的點子。現在，設置在衛星軌道等宇宙空間的太空望遠鏡，也的確在天文研究中扮演著重要的角色。

終於成功拍攝到黑洞的照片

電波望遠鏡的發達，為解開宇宙的面紗有著重大貢獻。2019年4月，國際計畫「事件視界望遠鏡」召開全球新聞發布會，發布了在5500萬光年外的M87星系拍到的人類史上第一張黑洞照片，成為大新聞。由於黑洞本身不會發光，所以要捕捉其畫面極其困難；但各國的研究團隊利用位於全球6地的8座電波望遠鏡，同時觀測同一個巨大黑洞，並運用了合成分析8座望遠鏡資料的特長基線干涉測量法（VLBI），成功拍出了黑洞的影像。

人類解開這廣大宇宙祕密的工作，如今才剛剛開始。相信未來一定還會出現更多值得期待重大發現。

參考文獻

- **『理化学辞典』**（岩波書店）
- **『電波辞典』**（クリエイトクルーズ）
- **『世界一わかりやすい物理学入門 これ1冊で完全マスター!』**川村康文（講談社）
- **『おとなが学び直す 物理でわかる身のまわりの疑問』**川村康文（實業之日本社）
- **『図解 身近にあふれる「科学」が3時間でわかる本』**左巻健男（明日香出版社）
- **『「消せるボールペン」30年の開発物語』**滝田誠一郎（小學館）
- **『親子のための地震安全マニュアル 家庭で備える地震対策最新情報!』**（日本出版社）
- **日本經濟新聞**
- **讀賣新聞**

其他各團體、各製造商官網等

作者介紹

川村康文 (Kawamura Yasufumi)

東京理科大學理學部第一部物理學科教授。
1959年生於京都府京都市。於高中執教物理20年後，取得京都大學博士（能源科學）學位。
歷經信州大學教育學部助理教授、東京理科大學理學部第一部物理學科助理教授、副教授，現任正教授。專長為物理教育和科學溝通。
經歷2011年3月11日的東日本大地震後發起了「連心企劃（つながる思いプロジェクト）」，前往災區興辦科學實驗教室，支援災後復興的工作。因在演講時必定會演唱自己作詞作曲的「心連心（つながる思い）」加油歌，而被譽為「會唱歌的大學教授」。
著有「世界一わかりやすい物理学入門」（講談社）、「理科教育法 独創力を伸ばす理科授業」（講談社）、「楽しく学べる理科の実験・工作」（エネルギーフォーラム）等作。
另曾出演並擔任「NHK高校講座 ベーシックサイエンス」（NHK Eテレ）的節目監修，以及「Sweet Answer」（NHK Eテレ）的理科實驗監修和來賓等。

【日本版 STAFF】
監修　川村康文（東京理科大學理學部教授）
編輯　インパクト
插圖　うかいえいこ／山口ヒロフミ

NICHIJO NO "？(NAZE)" WO ZENBU KAGAKU DE TOKIAKASU HON
© SANSAIBOOKS 2019
Originally published in Japan in 2019 by SANSAIBOOKS Co., Ltd
Chinese Translation rights arranged through TOHAN CORPORATION, TOKYO.

生活中無所不在的科學
解答日常的疑惑

2020年4月1日初版第一刷發行

著　　者　川村康文
譯　　者　陳識中
編　　輯　吳元晴
發 行 人　南部裕
發 行 所　台灣東販股份有限公司
　　　　　＜網址＞http://www.tohan.com.tw
法律顧問　蕭雄淋律師
香港發行　萬里機構出版有限公司
　　　　　＜地址＞香港北角英皇道499號北角工業大廈20樓
　　　　　＜電話＞（852）2564-7511
　　　　　＜傳真＞（852）2565-5539
　　　　　＜電郵＞info@wanlibk.com
　　　　　＜網址＞http://www.wanlibk.com
　　　　　　　　　http://www.facebook.com/wanlibk
香港經銷　香港聯合書刊物流有限公司
　　　　　＜地址＞香港新界大埔汀麗路36號
　　　　　　　　　中華商務印刷大廈3字樓
　　　　　＜電話＞（852）2150-2100
　　　　　＜傳真＞（852）2407-3062
　　　　　＜電郵＞info@suplogistics.com.hk

著作權所有，禁止翻印轉載。

Printed in Taiwan, China.